Jens F. Meyer

Beetgeflüster

CW Niemeyer
Buchverlage

Für Anke

Inhaltsverzeichnis

Beetgeflüster zwischen Tagpfauenauge und Hummel:
Plausch auf einer Blüte des Purpur-Sonnenhutes.

Vorwort

Hallo Jörg, mein Freund und Kupferstecher. Ich möchte Dich auf diesem Wege wissen lassen, dass ich Deinem Ratschlag folgend wie eine Hummel zu denken versucht habe, was mir nicht leicht gefallen, aber doch gelungen ist. Denn in meinem Bemühen als Immobilienmakler der seit über zwei Jahren leer stehenden Hummelburg am Fuße der Fasanenspiere 'Diabolo' bin ich zu einem mehr als zufriedenstellenden Ergebnis gekommen.

Mir ist sehr wohl bekannt, dass mein fremd eingekauftes Kastell, das vom Stil her entfernt an einen Atommeiler erinnert, dessen Kühltürme schon rückgebaut worden sind, nicht den ideologischen Vorstellungen Deiner höchstselbst zusammengezimmerten Holzkästen erreicht. Und ich weiß ja auch, dass mein einzig' feste Burg nicht an das tollkühne Dutzend des genossenschaftlichen Wohnraums auf der Rückseite Deiner Gartenlaube in der Kolonie hoch über der Nordstadt heranreicht. Doch darf ich trotzdem, erfüllt von reichlich spürbarem Glück im Herzen, feststellen, dass auch ich endlich eine bombenrunde Königin überzeugen konnte, in dieses, auf meiner Scholle viel zu lange schlummernde Schlösschen einzuziehen. Prächtiges Exemplar! Groß, keine Wespentaille und im Fluge so subtil gurgelnd wie eine 61er Chevrolet Corvette. Habe Madame eine Rampe gebaut, weil sie – ja, Du hattest recht – nicht direkt durch die Öffnung fliegt, sondern aufgrund ihrer Leibesfülle vorher landen muss, um erst dann hineinkrabbeln zu können. Das Moos als Landeplatz ist leider drei Mal von den Amseln zerpflückt worden. So habe ich es durch eine bretonische Atlantikmuschel ersetzt. Kühn, ich weiß.

Doch funktioniert es wunderprächtig, denn Bombus lapidarius fliegt drauf ab (und an). Jawohl, Bombus lapidarius! Nix Erd- oder Ackerhummel. Meine Königin ist eine Steinhummel! Hübscher Hintern in Rot-Orange. Sonst schwarz gekleidet. Hat sich vom Zuckerwasser anlocken lassen. Ihr gefällt auch die Einrichtung ihrer Festung: Wolle und Späne. Macht sich jetzt völlig undemokratisch daran, ein Volk zu gründen. Ich könnte ihr den ganzen Tag lang dabei zusehen, wie sie einherfliegt. Bin glücklich und finde Monarchien plötzlich gar nicht übel. Melde mich wieder, wenn die Arbeiterinnen ausschwärmen. Bis dann.

Dein Jens

Winter

Die Blume am Fenster

Ein Blumentopf am Fenster steht
Mit einer Pflanze zum Liebkosen.
Sie wüchse lieber jetzt im Beet
Bei ihresgleichen und den Rosen.

Sie weiß nicht, wie der Wind so weht,
Denn Wind kommt nur als Hauch herein.
Die Sonne kommt, die Sonne geht,
Und manchmal schaut der Mond hinein.

Der Regen, den der Himmel schickt,
Ist ebenfalls ihr unbekannt.
Vermutlich, denkt sie, ist das Zeug
Mit H2O auch noch verwandt.

Von Morgentau, Geschenk der Nacht,
Hat sie noch niemals kosten dürfen.
Sie wünschte sich, in voller Pracht
Zu blühen und davon zu schlürfen.

Indes: Bei näherer Betrachtung
Sind fromme Wünsche relativ.
Was sonst nur der Verachtung
Dient, verkehrt sich dann ins Positiv.

Denn eines Tags, als es geschneit,
Die Wünsche gingen schnell verloren.
Und diese Blume, die ich seh',
War so, als wär' sie neu geboren.

All das Grün war draußen weiß;
Zitternd lag die Welt in Eis,
Und diese Blume, die ich meine, saß
Gar nicht so ungern hinter Glas.

1

… obwohl ich nichts Gutes an dem ollen Geldbaum finden kann, schleppe ich ihn im Oktober auch wieder ins Haus, damit er im Winter nicht erfriert; er ist ein ziemlich bester Freund …

Es schwillt mir der Kamm, wenn Crassula ovata weiter so beständig träge auf meine kleinen Spitzen reagiert. Beziehungsweise nicht reagiert, das ist ja das Problem. Auf ihn, den Geldbaum, der in einer steten Aura von Langeweile dämmert, der sich anmaßt, die Staubschicht auf seinen dicken Blättern als wärmende Decke zu nutzen, ist widerwärtig widerstandsfähig. Ich habe ihn schon immer als uninteressant und überflüssig empfunden. Im Sommer stelle ich ihn nach draußen in den Halbschatten des Apfelbaums in der Hoffnung, er möge beim nächsten schlimmen Sommersturm umkippen und Bruch erleiden. Tut er aber nicht. Er ist noch nie gekippt, obwohl er ein konisch zulaufendes Gefäß seine Heimat nennt und der Schwerpunkt weit oben in seinem langweiligen Grün sitzt. Stoisch steht er zwischen den Engelstrompeten, die jeden Tag die volle Ladung Wasser erhalten, von der er richtig was mitbekommt. Müsste er hassen, er liebt nämlich Trockenheit.

Aber er hält durch, er lässt es über sich ergehen.

Der Geldbaum ist ein Ausbund an Gelassenheit. In vielen Haushalten hat die pflegeleichte Sukkulente ihren Platz, aber reich wird man damit nicht.

Ich hasse es, diesen furchtbar schweren Topf im Frühling – also bald, ich ächze jetzt schon – nach draußen zu wuchten, und obwohl ich nichts Gutes an dem ollen Geldbaum finden kann, schleppe ich ihn im Oktober auch wieder ins Haus, erst die fünf Terrassenstufen hinauf, dann hinein in die gute Stube, auf dass er keinen Frost erleide. Warum lasse ich ihn nicht einfach zugrunde gehen? Er blüht nicht, niemals hat er das für mich getan. Er, der in seiner Heimat Südafrika baumhohe drei Meter erreicht – oh gottogottogott … – fängt Staub. Das ist seine Aufgabe. Seine Blätter sind dick und so wenig begeisternd, dass mein Blick daran vorübergleitet wie Luft. Drinnen steht er bei mir wohnzimmerwarm, mag's aber eher speisekammerkühl. Und er will hell stehen, was ich ihm aber aus Platzgründen auch nicht anbieten kann. Hätte er eben nicht so groß werden sollen, der Blödmann. Ich schaffe ihm folglich die besten Voraussetzungen, endlich das Zeitliche zu segnen.

Aber er hält durch, er lässt es über sich ergehen.

Was zum Teufel soll ich noch anstellen? Ihn mit heißem Kaffee zu übergießen oder mit Salzsäure zu besprühen, wäre Mord. Mord ist doof. Kann jeder. Ich setze lieber auf die in vollem Umfang unterlassene Hilfeleistung. Darauf reagiert er bloß nicht. Er entwickelt sogar neue Blätter. Nach all diesen Jahren, in denen ich ihn nie gemocht habe, schleppe ich ihn jetzt bald wieder unter Rückenschmerzen nach draußen.

Ich halte durch, ich lasse es über mich ergehen.

Auf diese Weise ist fast schon eine freundschaftliche Beziehung zwischen ihm und mir entstanden, deren Zukunft im Ungewissen liegt. Vielleicht werden wir zwei, ich und der Geldbaum, der mich noch nicht reich gemacht hat, höchstens reich an Erfahrungen, noch ziemlich beste Freunde. Er wird es mir mit nichts beweisen, allein mit gleichmütigem Herumstehen.

Er hält das durch und ich lasse es über mich ergehen.

2

... kaum Raum, aber zu Höherem geboren ...

Honoré de Balzac, französische Edelfeder des 19. Jahrhunderts, liebte die Enge seines kleinen Raumes auf Château de Saché bei Tours. Ein Stuhl, ein Tisch, eine Tür, ein Fenster und wenige Quadratmeter genügten, ja mehr noch: umarmten ihn und seine Muse. In großen Räumen vermochte Balzac „Vater Goriot" oder sein 88 Bände umfassendes Werk „Die menschliche Komödie" nicht zu gebären. Erst im sicheren Zimmerchen flossen ihm seine geschliffenen Worte über die Feder aufs Papier.

Ich war dort, ich stand in dieser bescheidenen Kammer und atmete Balzacs Aura wie frische Frühlingsluft nach einem langen Winter. Ich wunderte mich, wie der Geist sich auf so engem Raum so frei entfalten konnte. Es ist mir bis heute ein Rätsel.

Nun fällt mein Blick auf die Wurz und ich denke unwillkürlich an Balzac. Zwei Rosetten Hauswurz en miniature, doch augenscheinlich gesund, haben sich zwischen zwei Wegsteinen ihren Platz erobert. Wie bei Honoré: kaum Raum, aber zu Höherem geboren. Auf zwei Zentimeter Durchmesser bringen es die Dickblattpflanzen, nicht

Die Hauswurz braucht nur wenig Raum zur Entfaltung.
Sie zwängt sich notfalls auch aus schmalen Spalten.

einmal sieben Millimeter ist die Ritze schmal, in der sie sitzen. Die Unterlage mutet mehr als bescheiden an. Ein paar Krümel Erde mögen im Laufe der Jahre ja hineingeweht worden sein, ansonsten aber liegt der Gartenweg auf Kies und Sand, direkt am Gras. Ich habe nicht gezählt, wie oft ich schon mit dem Rasenmäher unachtsam über sie hinweggefahren bin, aber sie ducken sich wohl geschickt und leben.

Diese Sukkulenten haben einen unbändigen Lebenswillen. Wenig Wasser, harte Winter, wilde Stürme – sie überstehen alles souverän. Sie sind die besondere Würze für schwieriges Terrain. Obwohl ihre ursprüngliche Heimat nicht im Ural zu finden ist, tun sie etwas ganz und gar Russisches: Sie vertrauen aufs Schicksal. Tochterrosetten etablierter Pflanzen fallen ab, rollen fort, teils vom Wind getrieben oder von Tieren verschleppt, und wurze(l)n dann zuverlässig auf kargem Erdreich.

Sie sind ideal für Steingärten. Die Spinnweb-Wurz ist mit weißem Schleier überzogen, die fleischigen Blätter der Rotspitz-Hauswurz verlaufen von innen nach außen der Rosette von Hellgrün in Bordeauxrot. Es gibt weitere Arten und mittlerweile viele Züchtungen, doch die eine, gewissermaßen die balzac'sche Grundvoraussetzung, bringen sie alle mit: sich aus einem Nichts von Raum eine freie Entfaltung zu bewahren, sich mit dem Wenigsten begnügen zu können und daraus das Beste zu machen.

Das Beste bedeutet in diesem Fall: Rosetten bilden und bis zu 30 Zentimeter hohe Blütenstängel ausfahren, die ab Juni

bis in den August auf einer reich mit Sempervivum be-
stückten Fläche wie ein Zwergenwald erscheinen. Der
sternförmige Flor ist meistens rosa bis fleischfarben, selten
auch weiß. Die Pflege der Wurze beschränkt sich auf das
Entfernen der trockenen Stängel.

Was mich diese Pflanzen lehren, ist Genügsamkeit. Was sie
auszeichnet, ist Verlässlichkeit. Und was sie allem Anschein
nach nicht vernachlässigen, ist ihre zeitlose Schönheit. Das
alles macht sie unendlich wertvoll für trockene und küm-
merlich beschiedene Bereiche eines Gartens. Denn wo
nichts mehr wachsen will, versucht man's dann einfach mal
mit Hauswurz, die so ganz nebenbei auch im Winter nicht
an ihrer schmucken Erscheinung verliert. Mehr noch: Setzen sich kleine Eiskristalle auf die Rosetten, weil über Nacht
der Frost auf Durchreise gewesen ist, ergeben sich Kunstwerke von erlesener Grazie.

3

… Flocke für Flocke legt sich auf den Zweigen nieder und schärft die Konturen des Geästs sommergrüner Gehölze, und die Buchskugeln, Lebensbäume und Eiben tragen weiße Hauben …

Den Garten winterfest machen zu wollen, klingt so endgültig. Aber endgültig ist in einem Garten streng genommen nichts. Abgesehen davon ist das Großreinemachen für die dunkle Jahreszeit ohnehin mehr einer überhektischen Betriebsamkeit zuzuschreiben und weniger der logischen Schlussfolgerungen, die sich aus den Fehlern der Vorjahre ergeben haben müssten, aus denen man aber in der Tat selten lernt, was schade ist. Doch es ist dringend geboten, das grüne Wohnzimmer nicht wie einen Raum im Haus anzusehen, der – bevor sich Besuch einstellt – gesaugt, geputzt, geschrubbt und aufgeräumt wird, sondern den Garten dort, wo Fruchtstände ausgeblühter Staudenpflanzen nicht nur Nährquelle für heimische Singvögel, sondern auch schmückendes Element für die Winterzeit sein können, in Frieden zu lassen.

Getrost die Klinge des Messers einem überzeugten Stumpfsinn überlassen, sie nicht frohlockend in den Beeten einsetzen, sondern sich weniger um das Aufgeräumtsein scheren, das ist das Gebot der Stunde schon in den späten Herbststunden, ganz bestimmt aber erst recht in den ersten Wintertagen. Vor den schleierweiß blühen-

Die Handschrift des Winters:
Ein Kleid aus Schnee schafft besondere Konturen.

den Herbstastern sehen die Purpurdost-Fruchtstände himmlisch aus. Die ehemals glühenden Blütenköpfe von Hortensien entfalten noch immer, wenn auch schon grau bis braun gefärbt, eine melancholische Atmosphäre. Die meisten Gräser, nicht selten zusätzlich mit einer prächtigen Herbstfärbung gesegnet, erhalten höchste Aufmerksamkeit an winterlichen Tagen, wenn Raureif und Schnee sich wie Puderzucker auf ihre Wedel gelegt haben. Vor diesem Hintergrund sehen selbst die bräunlich betrübten Köpfe verschiedener Sonnenhutsorten sehr gut aus.

So gesehen horcht man in ein Beetflüstern, dass sich frei nach Wildwesternart wie „Stehenlassen, oder ich schieße" anhört. Natürlich schießen die Pflanzen nach dem Rückschnitt nicht gleich wieder aus; die Stauden werden in kalten Oktobernächten Besseres zu tun haben als frieren zu wollen. Dennoch gehört es, gärtnerisch betrachtet, zur Königsklasse, wenn man den Mut hat, Fruchtstände in memoriam vergangener Blütenfülle stehen zu lassen und den Rückschnitt erst im Frühling zu vollziehen. Die winterliche Freude über ihren Anblick kann immens sein.

Ganz genau nach diesem Prinzip verfahren die Gärtner, die in Diensten städtischer Verwaltung Verkehrsinseln mit verschiedenen Staudenmischungen prachtvoll herausputzen. Sie gehen im Herbst nicht mit großem Säbelrasseln in die öffentlichen Beete, sondern tun dies im Frühling, kurz bevor die Stauden sich zu neuem Austrieb aufmachen. Die goldbraunen, strohigen Farben der verschiedenen Pflanzen sehen allemal hübscher aus als kahle Tristesse. Dass Verkehrsinseln inspirierend sein können, ist ungewohnt. Aber echt schön.

Doch der Winter ist ein unverfrorener Geselle. Dauert er zu lange an, legt er nicht nur die Natur auf Eis, sondern schockfrostet an einem Tag im späten März auch die allseits keimende Hoffnung auf den Frühling. Die zauberhafte reine Seele dieser Zeit wechselt in eine Periode der graumelierten Ungeduld; das sind die beiden Gesichter des Winters. Es gibt kein schlechtes Wetter, es gibt nur schlechte Kleidung. Diesem Mist aus der Phrasendreschmaschine habe ich nie viel Bedeutung beigemessen, und je länger der Winter sich in den Frühling hineinzieht, desto weniger Verständnis bringe ich dafür auf. Fragen Sie doch mal die Zwiebelblumen, wie es ihnen so ergeht unter der dicken Schneehaube und dem Damoklesschwert des eiskalten Erwischtwerdens? Wie sie bibbernd nach Wärme schmachten, die ihnen der März noch nicht geben will. Die Narzissen sind so weit zurück, dass sie zur Osterzeit kaum erblühen werden, alldieweil auch unter den Gehölzen nichts Bläuliches aus dem friedvollen Heer der Traubenhyazinthen und Blausterne aufsteigt. Staudengärtnern und Gartencentern kann man an solchen Tagen nur die Daumen drücken, dass es bald warm wird. Und erst die Vögel! Wenn die Temperaturen auch Anfang April noch unter den Gefrierpunkt fallen, ist Füttern dringend geboten. Noch einmal zum Mitschreiben also: Es gibt schlechtes Wetter, und die Kleidung ist Jacke wie Hose.

Wenigstens ist es beruhigend zu wissen, dass die Menschheit zwar in der Lage ist, auf den Mond zu fliegen, sich satellitengesteuert in den Urlaub leiten zu lassen und Häuser zu bauen, die an den Wolken kratzen, aber so etwas Banales wie das Wetter noch immer nicht beeinflussen kann. Wer, wenn nicht die in sich ruhende Gärtnerseele, könnte die unverfälschte, blattlose Nacktheit des Winterkleides mit seinen strukturgebenden dauergrünen Buchsen und Tannen und Eibenhecken genussvoller in sich aufnehmen? Alles sieht noch so aufgeräumt auf, so jungfräulich; das Weiße verschafft dem Grünen ein elegantes Gefüge. Den dünkelhaftesten Ausdünstungen der Schwarzseher zum

Trotz stellt Frau Holle ihr Gespür für Schnee ästhetisch unter Beweis. Flocke für Flocke legt sich auf den Zweigen nieder und schärft die Konturen des Geästs sommergrüner Gehölze. Buchskugeln, Lebensbäume und Eiben tragen weiße Hauben. Und die ausgeblühten Dolden von Purpur-Dost und Sonnenhut kommen einer kunstvollen Inszenierung gleich, weil sie im Herbst eben nicht ratzekahl dem Erdboden gleichgemacht worden sind. Und schauen Sie nur, wie friedlich das Arbeitsgerät in der eingeschneiten Gartenlaube noch schlummert, das ist beruhigend, weil man sich noch einmal genüsslich zurücklehnen kann.

Druck ist nicht vorhanden, es bleibt genügend Zeit zu verplempern, was sogar auf eine sehr sinnvolle wie sinnliche Art getan werden kann. Mit einem Glas Portwein zur Rechten, einem Stück Papier und dem Bleistift, den man von Zeit zu Zeit hinter der Ohrmuschel hervorholt, werden Gartenbücher und Bildbände an eiskalten Winterabenden zu den besten Freunden, die man sich wünschen kann. Sie wecken die Emotionen, zeigen neue, unentdeckte Wege und widersprechen bei keinem noch so kruden Gedanken, der sich schlussendlich auf dem Wunschzettel wiederfindet, der im Frühling als Gedankenstütze seinen Dienst tun wird. Visionen, nichts als Träumereien, sicher. Aber jedes gute Projekt beginnt dort, wo die Phantasie Purzelbäume schlägt. Draußen passiert noch wenig, aber drinnen, im Wohnzimmer, wärmt sich die Seele am Feuer der Begeisterung und lässt Großartiges gedeihen.

4

… leider noch keine Spur von der Mexikanischen Hutpflanze im Planquadrat der sommerlichen Träume …

Verblüffenderweise folgt auch diesem Winter ein Frühling. Meister Lenz wirft immer die Frage auf, welche Sommerblumen in Beeten, Töpfen und Trögen wachsen sollen. Die Entscheidung für diesen fröhlichen Ozean ist natürlich längst gefallen, denn ein Großteil der Pflanzen, deren Dasein sich auf eine einzige Saison beschränkt, ist behände im Warmen vorzuziehen und steht also schon als kräftige Kolonie in Plastiktöpfen Spalier, während nur die wenigsten ab Ende April direkt ins Freie gesät werden. Zudem haben vorgezogene Gemüsepflanzen und Einjährige einen Wachstumsvorsprung, blühen und tragen früher. Gesegnet sei das Minigewächshaus.

Der Frost kann diesem erquicklichen Tun, das am großen Küchentisch oder im Wohnzimmer von Erinnerung getragen und von Sehnsucht befeuert wird, nichts anhaben. Noch im späten Februar, wenn er hinterlistig um die Häuser kriecht und mit Krawomm eine Schneise in den Garten zu schlagen gedenkt, die selbst winterfesten Stauden zu schaffen machen kann, wird das Planquadrat der Vorkultur zum Hoffnungsfeld. Das Miniaturgärtnern verlangt eine sichere Hand und die Bereitschaft, jeden Tag enttäuscht werden zu können, weil sich noch kein Keimling aus Saat und Substrat hervorgeschoben hat. Dann eben nicht, morgen ist auch noch ein Tag.

Für voreilige Schlüsse ist in dieser Hinsicht kein Platz. Der Berg-Tabak zum Beispiel kommt aus Erfahrung spät in die Pötte und schiebt manchmal erst zwei Wochen nach der Einsaat ein kostbares Nichts von Grün aus dem Boden. Die Chilisorte 'Filius Blue Ornamental', der ich einst ihr Ende vorausgesagt hatte, kroch erst nach unglaublichen 19 Tagen als Sprössling aus dem Untergrund und stand dann voll im Saft, wartend darauf, im Mai nach draußen gelangen zu dürfen. Ohne Geduld kommt man hier schnell an seine Grenzen, aber die lohnt sich. Denn der Drang eines jeden Saatkörnchens nach Freiheit ist ein Auftauchen aus anderen Sphären, ein Erwachen aus dem Dornröschenschlaf. In den schmalen Trichtern des Treibhauses auf der Fensterbank, die mit Anzuchterde befüllt die Geburtsstätte heiß ersehnter Zöglinge verschiedenster Art und Sorte sind, regt sich an späten Wintertagen in bester Freiheitskämpfermanier von Zeit zu Zeit die Erdkrume. Man erwischt sich selber dabei, Wetten abzuschließen, wer es wohl als Nächstes ans Licht schafft.

Mit dem Wagemut eines Musketiers schießen Studentenblumen und weiße Kosmeen bereits nach 60 Stunden vorwitzig empor. Die sind in der Tat kaum zu stoppen und daher auch geeignet, im Frühling an Ort und Stelle ins Feld gesät zu werden. Doppelt hält bekanntlich besser; diese Option sollte man sich unbedingt offenhalten. Die Riesen-Flockenblume benötigt bisweilen nicht viel länger. Da capo, meine Liebe, denn zwei Jahre hast Du Luder liederlich dem Sommerflor Dich entzogen, bist nicht gewachsen, nicht an der besten für Dich auserwählten Stelle. Würdest Du Dich mit diesem frühen Aufbegehren um Wiedergutmachung

Im Wohnzimmer, sicher bewahrt vor dem Frost, gedeihen allerlei Sommerträume – Kräuter, Gemüse und Sommerblumen.

bemühen, soll's mir recht sein. Drei Samen, allesamt gekeimt. Wenn das nichts wird, ist's der letzte Versuch gewesen. Aber es sieht nach gutem Omen aus.

Heißa, wer wird sich als Nächster dem Boden entrammen? Leider noch keine Spur von der Mexikanischen Hutpflanze. Die war schon immer schwierig. Und nichts zu sehen von der Schönranke. Mal wieder. Nur ein ums andere Jahr keimt sie, und es wird keinen noch so schlauen Botaniker geben, der mir das erklären kann. Es ist eben einfach so, es ist eine unerklärliche Gesetzmäßigkeit. Hübsch wäre, wenn die Kokardenblume 'Sun Flair' sich herauswagen würde. Aber sie schläft wie ein Murmeltier, sie treibt es auf die Spitze, bis der Geduldsfaden reißt und man mit dem Mute der Verzweiflung noch mal nachsät. Wenigstens der Stachelmohn, seit vielen Jahren viel zu sehr dem Fokus des gärtnerischen Interesses entrückt, woran nicht er Schuld trägt, sondern wir, die ihn irgendwie aus den Augen verloren haben, zeigt sich mit minimaler Nonchalance. Na, und siehe da, die Balsambirne hat's auch geschafft.

Die Balsamwas? Die Balsambirne, genau so heißt das sonnenhungrige, sonderbare Klettergewächs, das als Bittergurke nicht viel bekannter sein dürfte. Synonym gleich Pseudonym. Aber man muss den Exoten Raum geben. Nun ist die Balsambirnengitterburke als Jüngling dem Erdreich entsprungen, kernig und kräftig gediehen, mit dem fast spöttischen Ausdruck des Immergrößerwerdenwollens. Es ist kaum zu glauben, dass aus diesem Dödelchen ein 2,50 Meter hoher Riese werden soll! Auf der Saatgutpackung sehen die Früchte aus, als sollte man besser schreiend vor ihnen davonlaufen, und weil die gurkige Birne allein der Zierde hybridisiert worden war, ist ihr Antlitz auch keine Geschmacksache im eigentlichen Sinn. Was soll's, sie hat's verdient. Wie alle anderen in diesem momentanen Mikrogarten unter Glas.

Alle diese Pflanzen sind auf der Fensterbank klein und verletzlich, aber sie sollen groß und stattlich werden, Stürmen standhalten und zerstörerischen Regenschauern sowie der Schafskälte mit Bravour entgegenwachsen. So sehr wir mit ihnen fiebern, sie vorsichtig besprühen, schließlich pikieren und mit Fingerspitzengefühl in zwischenzeitlich neue Töpfchen setzen, bevor sie nach draußen kommen und schon mal stundenweise abgehärtet werden, liegt der Reiz unseres Tuns seltsamerweise gerade auch im drohenden Risiko der Umfallkrankheit und anderer unvorhergesehener Abenteuer. Es ist und bleibt ein Wagnis in jedem neuen Jahr. Aber die Ungeduld treibt uns an Spätwintertagen, in denen wir schon das Frühjahr im Sinn haben, dazu, eine Saat auszubringen, von der wir genau wissen, dass die Pflanze, die daraus entsteht, erst Monate später blühen oder Früchte tragen wird – und wir kennen die Fallstricke, die damit verbunden sind, nur zu gut. Der Same kann faulen, wenn wir zu viel wässern und zu wenig das Häuschen lüften. Die jungen Zöglinge können vom Schimmel zugrunde gerafft werden. Auch das Pikieren, das Vereinzeln, ist nicht ohne Gefahr. Eine unbedachte Bewegung, schon brechen das Pflänzchen und unser Stolz. Nur wenn es Glück hat und wenn wir uns kümmern, mit Hingabe und Liebe und Vorsicht, wird es groß und stark und schön und ertragreich sein.

Das Umsetzen in größere Töpfe, das stundenweise Hinausstellen, um die grüne Bande abzuhärten, und schließlich das Aussetzen an den endgültigen Standort, all diese Komponenten lassen diese Arbeit zu einer Rechnung mit vielen Unbekannten werden. Kalte Analytiker würden in Anbetracht aller möglichen Gefahren die Hände davon lassen und lieber frostfeste Stauden und Gehölze pflanzen, die einfach nur wachsen, zurückgeschnitten werden und neu austreiben. Kalte Analytiker haben meistens aber auch keinen Garten. Es wäre zudem keine Lösung. Wer Risiken dauernd zu umschiffen versucht, bleibt am Riff der Langeweile hängen und geht unter. Also immer voran! Wie im richtigen Leben. Wir wechseln ja auch die Straßenseite ohne Ampel und werden doch nicht überfahren, zumindest meistens nicht. Außerdem macht Erfahrung den Meister. Die Routine darf nur nicht dazu führen, nachlässig zu werden. Der prüfende Blick ist in dieser Angelegenheit gerne auch mit der Lupe zu werfen. Besprühen anstatt zu gießen. Aufsanden anstatt zu hadern. Mit Fingerspitzengefühl arbeiten anstatt ruppig zu Werke zu gehen. Wo rücksichtsvolle Kräfte walten, werden Blühwunder wahr.

Das Vorziehen dieses Liebreizes zwischen Ageratum und Zinnia ist unter keinen Umständen Kinderkram! Geradezu böse, wer als bodenständiger Gärtner solche Unterstellungen verbreitet, denn erst die Einjährigen sind gewissermaßen die wichtigsten Nichtigkeiten, die den Garten Jahr für Jahr als veränderliches Opus magnum mit unverbrauchter Fülle versehen. Sie ermöglichen neue Chancen der Gestaltung, ohne die vorhandene Textur in ihren Grundfesten zu erschüttern. Auf diese Weise erfahren in sich stimmige Staudenanlagen eine Krönung. Ein bis 180 Zentimeter hoch wachsender Berg-Tabak, der weißblühend über tiefblauem Rittersporn und karminroten Garten-Lupinen emporstrahlt, ist jedenfalls über jeden Zweifel erhaben.

Egal, wer hier so vor sich hinwächst: Es handelt sich um kleine Wunder, die nach und nach größer werden. Beacht-

*Wer im Spätsommer daran denkt, Samen zu ernten, kann im Winter
auf ein reiches Repertoire zurückgreifen und es in Vorkultur ziehen.*

liche Leistung, wirklich wahr! Wenn der Blick auf die verschiedenen Sorten Gewürzpaprika fällt, auf die selbstgezo-
genen Tomaten und die herzerfrischende, zartgrüne
Blütenschar, dann ist zu erkennen, dass in den letzten Wintertagen alle schon Spalier stehen für den Sommer. Schö-
nere Aussichten kann es eigentlich nicht geben.

5

… als das leuchtende Sternenzelt die Nacht so eisig kalt hatte werden lassen, half dem Liebling der Aurora auch kein Schal aus Vlies …

In den Urlaub zu fahren, ist sinnvoll, noch dazu dann, wenn er neben der Erholung und Entspannung auch zur Bildung beiträgt. So kam es, dass ich vor einiger Zeit Familie Carstensen in ihrem Garten traf, der sich hübsch gepflegt rund um ein Haus schlängelt, das sich kaum zwei Steinwürfe von der bretonischen Atlantikküste entfernt befindet.

„Schauen Sie mal, die Dahlien, sind die nicht wundervoll?", fragten mich die Carstensens rein rhetorisch, denn natürlich waren sie wundervoll. „Dann haben sie die Knollen im vergangenen Winter aber gut gelagert", entgegnete ich und erntete ein freundliches Schmunzeln. Nein, gelagert hätten sie die Knollen nicht, denn die würden einfach im Boden verbleiben, weil Väterchen Frost so gut wie nie in die Küstenregionen der südlichen Bretagne verreisen würde.

Ach, wie wäre es phantastisch, keine Dahlienknollen mehr aus dem Boden buddeln zu müssen, um sie von November bis mindestens April trocken und dunkel auf Stroh oder Heu zu betten, damit sie nicht erfrieren. Es mutet geradezu

Letzte Ehre: Die Tithonie ist dem Spätfrost zum Opfer gefallen und wird auf dem Kompost beigesetzt.

paradiesisch an, die Engelstrompeten anstatt in schweren Gefäßen, die im goldenen Oktober in den Keller gewuchtet werden müssen, einfach im Freiland stehen zu lassen. Und wie würden wohl die Fuchsien sich prachtvoll entwickeln können? Sie müssten nicht in engen Töpfen ihrer Freiheit beraubt werden, sondern entwickelten sich im Beet zwischen Gold-Johannisbeere und Geißblatt zu einem ebensolch stattlichen Gehölz.

Während die Carstensens sich vielleicht gerade jetzt, in diesem Moment träumerischen Dahinschmelzens, über weiteren Neuaustrieb ihrer Dahlien freuen, denke ich spätestens mit Beginn des Septembers schon wieder halbwegs analytisch über die Winterferien der frostempfindlichen Blühwunder nach. Passen die überhaupt alle hinein in den Keller, ins Wohnzimmer, ins Treppenhaus? Wer muss dunkel stehen, wer benötigt Licht? Pelargonien, Begonien, Zitronenbäumchen oder Oleander: Für die empfindsamen Seelen des grünen Wohnzimmers muss Platz geschaffen werden, damit der Umzug ins frostfreie Terrain an einem schon viel zu späten wie kalten Zeitpunkt nicht holterdiepolter vonstattengeht. Mit anderen Worten: Man blickt nicht angstvoll, aber planerisch aufs kommende Eis voraus, man wird gewissermaßen zu einem sehr besonderen Frost-Spanner.

Es gibt zwei Möglichkeiten, sich der ewig stellenden Aufgabe zu entledigen. Entweder auswandern oder ohne Ausnahme auf nicht frostfeste Sommerpflanzen verzichten. Das eine kommt teuer, das andere erst einmal nicht in Frage.

Sollte ich aber jemals vor eine Wahl gestellt werden, dann ist die Sache mit dem Auswandern reiflich zu überlegen. Denn ein Leben ohne Dahlien, Fuchsien und Engelstrompeten ist zwar möglich, aber nicht erstrebenswert.

Ist der Winter dann vorüber, geht die Suche nach dem richtigen Zeitpunkt für das Auspflanzen verschiedener Sommerblüher von Neuem los. Es ist schon den versiertesten, vorsichtigsten und besten Gärtnern passiert, dass sie einen Teil ihrer aufstrebenden Zöglinge dadurch verloren haben, indem sie sie zu früh nach draußen ins Beet gesetzt haben. Auf diese Weise sind so viele fleißig pikierte Tagträume um ihr Leben gebracht worden. So gedenke ich zum Beispiel einer guten Seele, die in einer Zeit der sozialen Kälte wärmende Blütenstrahlen in den Alltag tupfen sollte und – das ist die Ironie ihres Schicksals – an einem späten Frost zugrunde gegangen ist.

Wie lieblich sah ihre Mutterpflanze aus, wie unergründlich hübsch, als sie an einem warmen Septembertag aus einer spätsommergähnenden Rabatte hervorleuchtete. Es war eine unverfälschte Heiterkeit, mit der Tithonia rotundifolia die warmen Farben des Sommers zurückbrachte, als der Herbst schon beschlossene Sache war. Sie, der als Einjähriger ohnehin kein langes Leben beschieden ist, ragte mit subtiler Anmut aus dem wiederkehrenden Grün winterfester Stauden hervor. Sie trug ein Kleid aus Sonnenschein, das die Hoffnung nährte, nach jedem noch so dunklen Winter ein helles, freundliches Frühjahr und einen Sommer voller Wunder folgen zu lassen.

Nun ist der arme, kleine Zögling aber in einer einzigen Nacht aus der Mitte des Beetes gerissen worden. Aufgewachsen im Schutze eines lichtdurchfluteten, beheizten Wohnzimmers, hatte sich der „Liebling der Aurora" – welch passendes Synonym für Tithonia – gut entwickelt. Aus einem Körnchen war eine Pflanze geworden, deren kleiner Topf ihr schon nach wenigen Wochen zu eng geworden war. Das Umsetzen in ein größeres Gefäß hatte diese hübsche Beethoffnung noch prächtiger werden lassen. Vielleicht war es ihre Ungeduld, vielleicht auch die meinige, die sie Anfang Mai ins Grab brachte. Das Risiko hatte sich getarnt als schönes Frühlingswetter. Ich setzte diese Blume in ein Beet, damit sie ihren Flor um Anfang Juli herum im Kreis von Sonnenhut, Sonnenbraut und Duftnessel ausbreiten sollte. Zu früh gefreut. Zu früh gepflanzt.

Denn als das leuchtende Sternenzelt die Nacht so eisig kalt hatte werden lassen, half dem Liebling der Aurora auch kein Schal aus Vlies mehr, da war es um Tithonia geschehen. Sie sackte in sich zusammen, irgendwann zwischen Mitternacht und erstem Tageslicht, und als ich sie am Morgen besuchte, ließ sie traurig ihre Blätter hängen. Alle Mühen, alles bunte Schimmern waren mit einem Schlag zunichte gemacht worden. An kalten Wintertagen denke ich oft an diese Tragödie.

Die Beisetzung der viel zu früh verendeten Freundin fand unter Ausschluss der Öffentlichkeit auf dem Komposthaufen statt. Aber das ist kein Grund, den Mut zu verlieren.

*„Liebling der Aurora" ist ein Pseudonym der Tithonie –
so sieht die Schöne aus, wenn sie nicht am Spätfrost
zugrundegeht und dann ab Juli blüht.*

Vielleicht verhelfen ihre zu guter Erde verrotteten Überreste schon im kommenden Frühling einem ebenso fragilen Sommerkind zu reichhaltiger Blüte.

6

… er träumt von einem Frühling, der ihn auf ein fabelhaft verlaustes Plätzchen im Schneeball führt …

Es liegt ein trüber Rest von Schnee unter der Blutjohannisbeere, und ein eisiger Wind umweht das Haus. Für Zimmerpflanzen ist er der Hauch des Todes, jedoch stehen sie ja im Sicheren auf der Fensterbank. Die Kunst, ihnen ein angemessen gutes Winterlager zu bereiten, liegt indes nicht allein im stillen Kämmerlein, sondern hat mit Fürsorge zu tun. Nicht zu wenig davon ist das Problem, sondern zu viel. Die große Schar verschiedenartiger Sukkulenten – ob Kalanchoe, Hirschzunge oder Seeigelkaktus, ob Echeverie, Sichel-Dickblatt oder Lebender Stein – ist schnell dem Tode geweiht, wenn sie monsunartig mit frischem Nass versorgt wird. Jede Woche ein bescheidener Strahl aus gluckernder Kanne ist den Dickblattgewächsen recht, um ohne Probleme über die Winterruhe zu kommen. Höchstens. Die meisten kommen sogar mit noch weniger aus und bedanken sich für diese pflegerische Zurückhaltung regelmäßig mit exotischen, sonderbaren Blüten an bis zu einem Meter langen Schäften – darin ist zum Beispiel die Tiger-Aloe eine Meisterin.

Von dieser leicht schläfrigen Fensterbrettatmosphäre hat sich ein Marienkäfer anstecken lassen. Ich habe ihn auf dem Blatt einer Haworthie entdeckt, nicht weit von der Stammachse entfernt. Dass es gemütlichere Pflanzen gibt, als ihre festen, olivgrünen, gummiartigen Blätter, dürfte dem Gepunkteten bekannt sein. Aber er schläft selig und vor allem trocken, eben dort, wo nicht viel gegossen wird. Er lässt sich von den Stürmen des Winters nicht aus der Ruhe bringen, weiß um seinen sicheren Platz. Draußen ist das Überwintern der Marienkäfer eine große Sause: Zu Dutzenden, manchmal zu Hunderten, sammeln sie sich unter Steinen, Rinden und Moos. Die Wissenschaft nennt diese tüchtige Heißdüseneigenschaft Aggregation. Letztlich geht es ums Überleben. Im sicheren Mikrokosmos des Wohnzimmergartens kann ein Marienkäfer aber auch alleine diese Zeit durchstehen. Steht die Pflanze kühl, etwa im Treppenhaus oder in der unbeheizten Diele, dann poft er darin wie `ne Mumie.

Dieser auch. An den unterseits weiß befleckten Blättern scheint er Gefallen gefunden zu haben. Er bewegt sich keinen Millimeter von der Stelle. Neulich hat er die Flügel für einen minimalen Augenblick angehoben, so als wenn er zeigen wollte, dass er noch lebt. Wovon er wohl träumt? Von einem Frühling, der ihn auf ein fabelhaft verlaustes Plätzchen im Schneeball führt (und wenn nicht ein Marienkäfer, wer sonst würde sich über derart lausige Unterkünfte freuen?). Von einem Flug über das leuchtend rote Klatschmohnfeld vor den Toren der Stadt? Von einem Platz im alten Apfelbaum, wo er sich mit anderen Marienkäfern verlustiert und Punkte zählt oder im Kampf um die beste Stelle auf der Fruchtwand mit Ohrwürmern Fangen spielt?

Träumt er davon, als klassischer Siebenpunkt eine Liebste zu finden, die ihn auch mit weniger Sommersprossen in ihr großes, kleines Herz schließen würde? Umschweben ihn in sei-

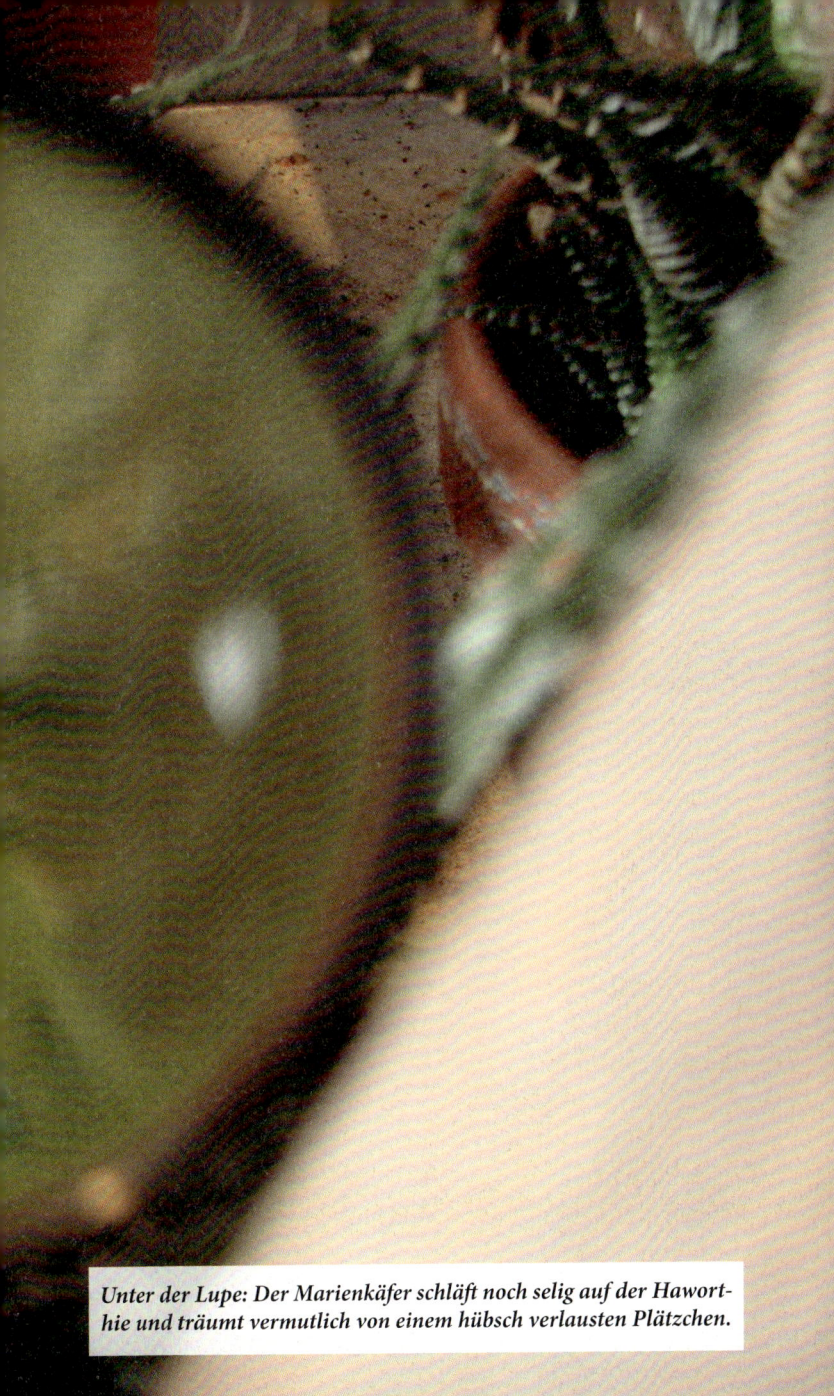

Unter der Lupe: Der Marienkäfer schläft noch selig auf der Haworthie und träumt vermutlich von einem hübsch verlausten Plätzchen.

nem gesegneten Winterschlaf Erinnerungen an ein Sonnenbeet, in dem der Sommer als gelb-orangefarbene Fackellilie, strahlender Purpur-Sonnenhut und rosarote Flammenblume Gestalt angenommen hat? Oder wähnt er sich in einer Marienkäferkonferenz, die es sich zur Aufgabe macht, einen ganzen Garten vollkommen blattlausleer zu melken?

Gerade in letztgenanntem Fall wäre es töricht, den kleinen Burschen aus seinem Traum von einer wärmeren Welt herauszuholen. Es ist ja durchaus möglich, dass ihm die Lösung des Maximalmelkens in den Sinn kommt. Also Obacht beim wöchentlichen Gießen, auf dass der Meister nicht geweckt werde.

Als Apostel einer besseren Zeit, als Hoffnungsträger für das blühende Leben, das sich nach viel zu langem Winter an einem angetauten Tag mit der ersten aufgehenden Krokusblüte wieder einstellt, tut der Marienkäfer selbst regungslos schlafend seinen guten Dienst. Der als Plage über Mitteleuropa eingefallene Asiatische Marienkäfer, irrwitzigerweise den lateinischen Namen Harmonia tragend und doch kein bisschen um Harmonie bemüht, vermag daran auch nichts zu ändern. Die heimische Halbkugel Coccinella, mit bis zu 24 Punkten bestückt, lässt sich davon augenscheinlich nicht aus der Ruhe bringen.

So schlafe, Marienkäfer, schlafe. Und jeder, der Deine Hoffnung auch in sich trägt, träume mit Dir. Wenn Du aufwachst, blühen schon die Narzissen, und die Hyazinthen duften nach Frühling.

Frühling

Die Hummel

Nun fliegst du wieder nektartrunken
Und trägst auf deinen Flügeln Fröhlichkeit.
Der Winter ist längst meilenweit;
Ich habe ihm adieu gewunken.

Du lässt mich auf den Sommer hoffen
Schon jetzt im zeitigen April.
Es komme nun, was kommen will.
Mein Herz ist für den Zauber offen.

Wo die Magie sich mannigfach entfaltet,
Bist du die Botin dieser Zeit.
Der Winter ist längst meilenweit
Er hat für zwischendurch auf Ruhe umgeschaltet.

Du, Bombus, bist ein Wunder dieser Welt.
Fliegst trotz deiner Fülle federleicht.
Allein dein Wille dir dazu gereicht.
Ich finde, es ist gut um dich bestellt.

Du bist ein erster Frühlingsfunken,
Ein durchweg freudiges Geleit.
Der Winter ist längst meilenweit.
Ihm habe ich adieu gewunken.

7

… wolle Rose kaufe …

Und jährlich grüßt das Murmeltier, das in diesem Fall ein Monsieur ist, der die Sache mit dem Marketing für ein Produkt nachweislich noch nicht begriffen hat. So stand ich an einem heißen Julitag im Tal der Loire an der Prieuré de Saint-Cosme, einem Platz voller kleiner Wunder, die sich zu einem unentwegt charmanten Getümmel zusammentun, sei es nun im Küchengarten oder unterm Rosengang, und ich genoss die Atmosphäre. Voilà, eben an jenem Ort, der die Überreste einer Abtei an der Périphérie zur alten Hauptstadt Tours umfasst, liegen die Gebeine des im 16. Jahrhundert verstorbenen französischen Lyrikers und Dichters Pierre de Ronsard. Ihm zu Ehren wurde vor einigen Jahrzehnten eine Rose kreiert, die in Frankreich seinen Namen trägt ('Rose de Ronsard') und in Deutschland unter 'Eden Rose 85' als gut verzweigte, reichlich blühende Sorte im schier unendlichen Meer der Züchtungen nur wenig bekannt ist. Nicht gerade ein Exot, aber doch eine Variante, die selbst bei Rosenfans hier selten Beachtung findet.

Stämmchen, die an des Meisters Grabstätte vertrieben werden, sind doch wohl mit einem guten Segen versehen, sollte man meinen. Doch vertrieben wurde nur ich, denn der Monsieur, der auch die Eintrittskarten zur Prieuré verkauft und im Shop zwischen Postkarten, Seifen und allerlei Büchern erbärmlich uninteressiert seine Arbeit erledigt, riet mir vom Kauf dieser Rose ab. „Keine gute Qualität!", sagte er. Man solle die Finger davon lassen. Ließ ich, obgleich die Blätter grün und glänzend waren und kein Sternrußtau zu sehen war. Ich schaute ihn an, mehr verdutzt als verärgert, ja, noch geradezu dankbar für seinen Hinweis. Noch ehe ich „Au revoir" sagen konnte, kehrte er mir den Rücken zu und ging. Ich ging auch.

Doch ich kehrte zurück. In nächsten Jahr. Schon im Mai. „Wolle Rose kaufe!" muss es sich in desselben Mannes Ohren angehört haben, als ich in einem wenig überzeugenden Französisch meinem Wunsch Ausdruck verlieh, aber immerhin doch in seiner Muttersprache. Er nuschelte etwas, das ich nicht verstand.

„Pardon?", fragte ich. Er nuschelte lauter. Es sei keine gute Qualität der Rosenstämmchen. Er würde mir davon abraten, diese Rose zu kaufen.

Ich vermutete eine versteckte Kamera, irgendwo hinter dem Verkaufstresen, doch Monsieur Cul (den Namen gab ich ihm insgeheim und werde ihn jetzt aus gutem Grund nicht übersetzen), vollkommen angewidert von meinem Verlangen, erneut eine 'Rose de Ronsard' nach Deutschland entführen zu wollen, meinte es bitterernst. Er schob die Pflanze beiseite, weg von mir. Dummerweise konnte er auf meine Nachfrage die schlechte Qualität, von der er gesprochen hatte, nicht erklären, er sei ja kein professioneller Gärtner. Aber er würde diese Rose jedenfalls nicht kaufen.

*Die Blüte der „Rose de Ronsard" ist eine Inszenierung.
Kaum eine ihrer Art, die schöner erblüht.*

„Dann ein anderes Exemplar", entgegnete ich, „welche Rose würden Sie mir denn von denen verkaufen?" Ich zeigte auf eine Schar von etwa zwei Dutzend Stämmchen. Keine, sagte er, er würde mir einfach gar keine von denen verkaufen, sie seien alle von schlechter Qualität. Mutig, für jede von ihnen trotzdem 23,50 Euro zu verlangen, dachte ich noch …

Es verschlug mir die Sprache nicht. „Dann kaufe ich diese erst recht!", sagte ich, legte 23,50 Euro auf den Verkaufstresen – den Preis herunterhandeln erschien mir der Konversation nicht förderlich – und schluderte ein „au revoir" in den Raum, das nicht freundlich klang und auch nicht freundlich klingen sollte.

Ich brach das Gespräch genauso schnell ab wie den Blickkontakt, nahm meine Rose und schritt hinaus. „Die bringe ich zum Blühen, ja, das werde ich tun", sagte ich mir in diesem Augenblick. Und so kutschierte ich dieses Stämmchen im kleinen, bescheidenen Volkswagen durchs große Tours, dann auf die Autobahn, an Blois und Orléans vorbei, mitten durch das Herz von Paris und weiter nordwärts, immer weiter Richtung Lüttich und Aachen und Köln und Kamener Kreuz. Die arme Pflanze überstand die tiefsten Schlaglöcher belgischer Autobahnen und bekam noch nicht einmal im Anblick derer Rastplatz-Toiletten Mehltau. Nach zehneinhalb Stunden Fahrt sah ich fertiger aus als das edle Gehölz. Die Rose hat das alles gut überstanden, ich habe sie aus den Fängen befreit, die ihr nicht guttun konnten.

Jetzt steht sie im Garten, an einem halbsonnigen Ort. Ihr Blattwerk glänzt, und dicke Knospen entpuppten sich zu gefüllten Blüten in lieblichem Rosa. Ich habe einen Platz für sie auserkoren, der ihr mindestens sechs Stunden täglich pralle Sonne bietet. Ich hatte ihr guten Kompost ins Pflanzloch gegeben, Neem-Dünger rund um ihren Stamm ausgebracht. Und ich spreche mit ihr, jeden Tag, abends. Wenn's regnet, tröste ich sie, dass der Himmel ganz sicher nur vor Freude weint, weil sie nun so schön aussieht. Wenn die Sonne scheint, lacht sie mich an und ich sage zu ihr, dass es im fernen Frankreich auch nicht schöner sein könnte. Wie mir scheint, war sie niemals von einem kränkelnden Wesen befallen; es wurde ihr nur immer eingeredet von Monsieur Miesepeter. Ich umgarne sie, an trockenen Tagen mit köstlichem Nass und am Abend mit einem Gedicht.

Und im Zenit ihrer Blüte werde ich ein Foto von ihr machen, um es nach Frankreich zu schicken an den Mann von der Prieuré de Saint-Cosme. Avec plaisir mit besten Grüßen. Vielleicht kündige ich mich noch fürs nächste Jahr an. Er soll schon mal die Rosen aufstellen, damit ich mir noch eine aussuchen kann.

8

**… man spürt die Kraft der Festung, und erfreulicher-
weise wächst in Louis-Pauls Burganlage nichts in Reih
und Glied …**

Wenn im Burggraben von Cinq-Mars-la-Pile, einem nicht
übermäßig hübschen, aber liebenswürdigen Örtchen mit
Kirchlein, Bar und Bäcker nur ein paar olympische Steinwürfe von der Loire entfernt, das Käuzchen zur Nacht ruft,
ist Sommer im Garten Frankreichs. Ich habe den Vogel
noch nie persönlich kennen gelernt, weil er lieber im grünen Dickicht des Parks, wie mir aus beobachtender Entfer-
nung scheint, seine Laute von sich gibt, was ich ebenso tun
würde, wäre ich er. An Bäumen mangelt es ihm nicht; und
sollte ihm eine grüne Immobilie nicht behagen, weil dort
ein paar gurrende Gäste eingeflogen sind, dann nimmt er
die nächste freie Wohnung im gemischten Blätter- und Na-
delwald und freut sich einen Ast.

Monsieur Louis-Paul Untersteller muss ein glücklicher
Mensch sein, denn er ist Burgherr von Château Cinq-Mars.
Kein Aristokrat, fürwahr. Dafür einer mit Herz und Seele,
einer, der gerne lacht, dem die Kunst am Herzen liegt, einer,
der besonders schwarzen Kaffee trinkt, wenigstens am Wo-
chenende in ein saftiges Croissant beißt und der auf Fernsehen gut verzichten kann, „weil es darin doch nicht viel
Gutes gibt", was durchaus als Gemeinsamkeit zwischen
Frankreich und Deutschland gedeutet werden darf.

Warum sollte er auch auf einen Bildschirm starren? Der Salon, in dem er an kühlen Abenden den großen Kamin mit Linden- und Zedernholz befeuert und ein Gläschen Wein trinkt, vorzugsweise einen Vouvray, verfügt über ein großes Panoramafenster, das ihm den Blick in seinen Park serviert wie ein Sterne-Koch seinen Gästen das Sechs-Gänge-Menü. Arbeitet Louis-Paul in seinem Atelier, dann offenbaren ihm die großen, mehrfach geteilten Fenster einen ebenso großartigen Blick. Und geht er aus dem Salon hinaus in seinen „Garten" – und weiß Gott: Louis-Paul geht sehr oft hinaus in sein grünes Reich –, dann mag er sich genauso frei fühlen wie das Käuzchen, das ihn dabei vielleicht beobachtet.

Nichts wächst in Louis-Pauls Burganlage in Reih und Glied. Im Gegensatz zu den Prachtschlössern links und rechts der Flüsse Loire, Vienne und Cher ist die Festung von Cinq-Mars-la-Pile unaufgeregt aufregend. Geheimnisvolle, verschlungene Wege ringsumher. Über 60 Stufen führen hinauf aufs Plateau im noch einzig begehbaren Turm. Im Erdgeschoss lässt der Monsieur mit einigen Exponaten ein bisschen Geschichte erzählen, ansonsten erzählt der Ort selber, wenn man aufmerksam hinhört, hinschaut, vor sich hingenießt. Die Brücke, die über den tiefen Burggraben führt, ist mit duftendem Lavendel bepflanzt, der sogar auf der Mauer zu thronen imstande ist, wie ein Blumenstrauß, der sich den jahrhundertealten Stein zu seiner Heimat auserkoren hat. Hier und dort lugen Klatschmohn und Aaronstab aus dem sonstigen Grün hervor, das der Brücke eine besondere Eleganz verleiht. Die Bäume, die die noch zwei verbliebenen Türme säumen, binden sich wie ein Kunstwerk in dieses Ge-

Unaufgeräumte Eleganz: Gebäude und Park von Château Cinq-Mars-la-Pile (Loire, Frankreich) bilden eine unzertrennliche Einheit.

samtbild der über 1000 Jahre alten Burganlage. Unten im Graben, wo schon lange, lange kein Wasser mehr steht, wächst Jahr für Jahr, geschützt vor starkem Wind und eingebettet in ein erstaunlich konstantes Mikroklima, eine Eselsdistel und sorgt mit ihren lilafarbenen Blüten für Farbtupfer. Ein Feigenbaum bringt zuckersüße Früchte hervor, was die nahestehenden Zwetschgenbäume dazu bewegt, es ihm gleichzutun, obwohl sie es allesamt schwer haben, in den tiefen Schatten der beiden Türme mit ihren Ästen und Zweigen nach den Sonnenstrahlen zu greifen und die Wärme aufzusaugen. Aber irgendwie klappt's.

Monsieur tut, was er kann. Er mäht Rasen, schneidet die Eiben in der sogenannten Juiverie auf dem Plateau hinter den Türmen, das direkt über dem Dorf thront, wo die Notre Dame bis in den Himmel der Touraine hineinreicht, formt sie freihand, wie das ein Künstler eben zu tun pflegt, zu Würfeln und Kegeln oder einer Mischung daraus. Er kürzt auch seinen weiß blühenden Sommerflieder ein, so gut er kann, damit die Schmetterlinge ein Zuhause haben. Er lichtet aus, er pflanzt und sät hier und dort, er gießt und mäht mit Begeisterung, so denn sein grauer Aufsitzrasenmäher funktioniert. Tut er's nicht, sieht man Louis-Paul mit verschieden großen Schraubenschlüsseln und Kombiklingen daran herumdoktern. Louis-Paul, der freundliche Herr mit den tiefen Lachfalten, weiß sich irgendwie immer zu helfen, auch wenn die Kletterrosen an den rostigen Rankgittern hinter den ehemaligen Soldatenhäusern, in denen er mit seiner Frau Gildas wohnt und dann und wann auch ein paar Gäste beherbergt, am falschesten Ort stehen – im

Schatten der dicken Mauern, was den Monsieur nicht wirklich wundert. Fehler macht jeder.

„Louis-Paul, du hast es wirklich gut. Dieser Park muss dich doch glücklich machen", sage ich ihm jedes Mal, wenn ich ihn wieder treffe.

„Bien sûr, das macht er", sagt Louis-Paul, und er, der Park, das grüne Geflecht aus Bäumen, Gehölzen und wenigen Stauden, erzeugt dieses Glücksgefühl vor allem deshalb, weil er eben nicht am Reißbrett entstanden ist wie Chenonceau oder die formalen Gärten von Chaumont-sur-Loire. Er ist natürlich gewachsen, er ist ein Kunstwerk der Natur, nicht ein aus Menschenhand geschaffener Traumgarten. Darin liegt so viel Charme. Baumrinden, von der Erde bis zur Krone durchgehend mit einem dunkelgrünen Moosteppich besetzt, der die Elfen verzücken möge, wenn sie in unbeobachteten Nachmittagsaugenblicken im Gänsemarsch barfuß darauf zu den Sonnenstrahlen wandern, sind nichts weniger als ein Opus der Zeit. Rund um diese nach all den Jahrhunderten noch immer stolze Forteresse verschmelzen die verschlungenen Wege zu einem dichten Netz aus Traum und Wirklichkeit. Baumwurzeln sind zu geheimnisvollen Zeichen aus dem Boden gewachsen. Die grünen Wedel verschiedenartiger Farne lassen im Schatten liegende Teilbereiche der Festung von Cinq-Mars-la-Pile wie ein Stück vom Auenland erscheinen.

Man spürt die Kraft dieses Ortes deutlich, so deutlich, wie man das eigene Herzklopfen spürt nach einem Lauf durch die Wüste. Man sieht Pflanzen, an denen man vorher achtlos vorübergegangen ist. Man lauscht in sich und die Natur, man hört das Klopfen eines Spechtes und das Brummen von Hornissen, man hört den Gesang der Blätter …

… und man hört Rosalie. Ein zartes Stimmchen klingt anders. Wenn Rosalie die Nüstern bläht und nach Luft keucht, um sich ordentlich aufzupumpen für das nächste „iihh-aahh", dann flüchtet selbst der namenlose Kater, der jeden Tag durchs Dickicht der Festung streift und Louis-Paul auf Schritt und Tritt folgt wie ein treuer Hund. Rosalie steht auf der anderen Seite des Grundstücks, weitab von den Türmen, wo Gildas und Louis-Paul noch ihren Nutzgarten haben. Auberginen und Pflücksalat, Tomaten und Gurken, Kirschen und Äpfel. Hier, wo die Tagestouristen – es sind gottlob wenige – nicht hineinfinden, ernten die beiden allerlei Früchte aus eigenem Anbau, verwenden sie frisch oder kochen sie ein. Mit nicht übertriebener Hingabe, sondern mit der nötigen Nonchalance. Die Marmelade, die Gildas zum Lindenblütentee am großen Tisch im Salon serviert, krönt ein Stück Baguette königlich und köstlich und verziert jeden Morgen kunstvoll.

Es kam dann der Tag, an dem eine Walnuss, die weder Krähe noch Eichhörnchen im frostigen Winter wiederfanden, bei den ersten warmen Sonnenstrahlen keimte. Irgendwann fand ich den Sprössling – oder sollte ich ihn Nüssling nennen – in der Nähe der Laube im eigenen Garten.

„Ein Walnussbaum ist für unser Terrain viel zu groß. Weißt du was? Wir topfen ihn ein und nehmen ihn mit zu Gildas und Louis-Paul." Die Idee meiner Frau klang plausibel. Ein Walnussbaum wird gut und gerne 15 Meter hoch; sein Kronenbereich würde die 200 Quadratmeter Garten bei tief stehender Sonne völlig verschatten.

Es wurde März, es kam der April, und schließlich wurde es Mai. Wir fuhren los nach Cinq-Mars-la-Pile. Das arme Bäumchen hat sicher Saft und Wasser geschwitzt; bei so einer weiten Reise kann man, so jung an Monaten, durchaus Zweigbruch erleiden. Aber es hatte Glück und kam gut im Loire-Örtchen an.

Ich hätte es wissen müssen, spätestens als Gildas den Walnuss-Likör einschenkte, was sie mit solcher Verve tat, dass ich behaupten möchte, sie schenk sogar ein. „Selbstgemacht!", sagte sie zur Begrüßung am großen, runden Tisch vor dem Haus, unter dem Nadeldach einer mächtigen Libanon-Zeder. Lieblingsplatz. Ohne Worte.

Die namenlose Katze streifte umher und wälzte sich im staubigen Weg. Die Sonne war schon leicht müde, gähnte irgendwo hinter den Türmen, nur ein paar orangegoldene Flecken suppten noch an der Hausfassade herunter. Das Käuzchen hielt weiterhin stille, aber drei, vier junge Amseln kullerten aufgeplustert über die angrenzende Grasfläche auf der Suche nach einem leckeren Happen im Boden. Es war noch sehr warm, obwohl schon weit nach 20 Uhr, und es war Sonntag. Zu Hause, dachte ich noch, zu Hause glotzt halb Deutschland jetzt wieder Tatort im Ersten, Folge siebenhundertdrölfendreißig. Ich aber, ich sitze hier unter einer Zeder und trinke selbstgemachten Walnuss-Likör. Gut, auf die Mücken, die mich piesackten, hätte ich verzichten können, aber mit jedem Schlückchen störten sie mich weniger.

„Schmeckt er dir?", fragte Gildas.

„Ausgezeichnet, wirklich sehr gut", sagte ich schon etwas angeschickert, und ich tat dies ja nicht auf Deutsch, sondern französisch, was gut war, denn wenn ich ein bisschen betrunken bin, kann ich die Sprache wenigstens einigermaßen.

Louis-Paul und Gildas nickten fröhlich. Die namenlose Katze, einfach „chat" genannt, was „Katze" heißt, lag mir mittlerweile zu Füßen, leckte sich die Vorderpfoten und hielt sie sich immer wieder vor die Augen, so als wenn sie ein Unglück kommen sah. Da saß ich nun, mit einem Walnussableger in der Plastiktüte und einer Katze zu Füßen. Ich lallte wieder.

„Ach, tatsächlich selbstgemacht? Wo habt ihr denn die Nüsse her?"

Gildas erwähnte fast beiläufig. „Aus unserem Garten und von drüben, aus dem Burggraben. Es waren so viele im vergangenen Jahr. Wir wussten schon nicht mehr, wohin damit. Haben viele Nüsse verschenkt." Sie winkte ab und lachte.

„Verschenkt ..." Ich dachte nach, so ich denn noch einen halbwegs klaren Gedanken fassen konnte. „Ja ... natürlich, Gildas. Aber es ist immer gut, auch eine andere Sorte bie-

Wenn der Hausherr ins Schwärmen gerät: Louis-Paul Untersteller,
Besitzer von Château Cinq-Mars-la-Pile.

ten zu können. Wir haben euch deshalb einen … einen …
kleinen Nussbaum mitgebracht." Ich glaube, ich fügte noch
so etwas wie „deutsche Sorte" hinzu, was kompletter Un-
sinn war, aber als Zweck die Mittel heiligte. Gildas nahm
das Bäumchen entgegen. „Oh, das ist ja nett, sehr nett."

Wir lachten laut bis Mitternacht.
Die Flasche leerte sich.
Das Käuzchen floh.

… wenn ich es recht bedenke, leben Gartenträume vom Tun – und vom Nichtstun …

Mit den Augen stehlen ist kein Mundraub, demnach weniger schlimm als Kirschen klauen und deshalb nicht strafbar. Dieser juristisch also kaum verwertbare Tatbestand hat es mir zur lieben Angewohnheit werden lassen, ungewöhnliche Pflanzenkompositionen in mich einzusaugen wie Wurzelwerk kostbarstes Nass. Neugierige Blicke über Zäune in Hamelner Stadtvierteln mit hübschen Vorgärten und schmucken Dörfern wie Dörpe oberhalb von Coppenbrügge oder Hajen an der Weser im Raum Emmerthal bringen kleine Erleuchtungen. Noch größere Strahlkraft besitzen Gärten, die von europaweiter Bedeutung sind, weil sie aus grandiosem Repertoire zehren dürfen.

Geld spielt keine Rolle, was durchaus wörtlich zu verstehen ist. Zwiebelblumen und Einjährige kosten nicht die Welt, Stauden und Gehölze sind sowieso eine Anschaffung für viele Jahre. Auf Château du Rivau im Tal der Loire, unweit von Chinon entfernt, erstreckt sich ab Mai im Rapunzel-Garten die fulminante Schönheit blühenden Zierlauchs in Lila und erwächst aus einem Feld von verschiedenen Gräserarten und Salbei in sattem Violett. So ein Bild vergisst

Für viele Gartenbesitzer ist das Wiesenschaumkraut ein Dorn im Auge, aber Dornen hat es gar nicht …

man nicht, das brennt sich fest im inneren Auge, davon zehrt man lange. So spektakulär die Wirkung, so einfach die Idee: Gräser und Salvia pflanzen, Allium-Zwiebeln dazwischen in den Boden setzen, und das alles hübsch ungeordnet.

Das Wertvollste an diesem gärtnerischen Glanzstück ist die Idee gewesen, nichts anderes. Blütenträume werden aus Ideen gesponnen. Spinner muss man sein. So werde ich den Eindruck nicht los, dass die Herrenhäuser Gärten in Hannover von besonders heldenhaften Spinnern am Blühen gehalten werden, was zutiefst positiv gemeint ist. Gerade im Berggarten wird das Summen und Brummen der Bienen und Hummeln vom Staunen und Raunen der Besucher begleitet, die von einer Teilkomposition zur nächsten in einer Sinfonie von Farben, Formen und Inspirationen wandeln. So geschah es, dass ich im Staudengrund wundernd vor dunkelblättrigen Dahlien der Sorte 'Bishop of Leicester' stand, deren kussmundrote Blüten ein tête-à-tête mit cremeweißem Riesenlauch eingingen. Blühende Dahlien Anfang Juni? Selbst Anja Kestennus, Sprecherin der Herrenhäuser Gärten, war sich nicht sicher, ob die Knollen der (Spät-)Sommerblüher unter Glas vorgezogen worden waren. „Keineswegs, sondern sie gedeihen aufgrund des warmen Frühlings so prächtig!", brachte sie schließlich in Erfahrung und ließ es mich wissen. Die Gärtner des Berggartens hatten damit nicht nur Ideenreichtum bewiesen, sondern auch Mut, denn dass diese unterschiedlichen Gartenpflanzen zum selben Zeitpunkt blühen, ist äußerst selten.

Setze ich das auch einmal so um? Weiß nicht. Aber sich die Option für derlei kleine Verrücktheiten offenzuhalten, ist gut. Manch kostbare Gestaltungsidee bleibt auch nur in meinem Kopf. Denn Gartenträume leben vom Tun, aber ebenso vom Nichtstun.

Und wenn ich es recht bedenke, ist für mich im Grünen und Ganzen ohnehin nicht immer das Ergebnis von entscheidender Bedeutung, sondern die Idealvorstellung davon. Machte ich meine gärtnerische Glückseligkeit ausnahmslos von erzieltem Ertrag und Effekt abhängig, so wähnte ich mich seit Beginn meines Buddelns, Pflanzens, Düngens und Gießens in einem Zustand jammerlappiger Übellaunigkeit. Denn unschwer erkenne ich auch jetzt (und nicht zum ersten Mal), dass ich bei der Neuanlage eines Staudenbeetes im September vergangenen Jahres fast alles falsch gemacht habe.

Indianernesseln stehen nicht perfekt zueinander, die Skabiosen haben sich offensichtlich verselbstständigt (gelbe hatte ich niemals gepflanzt, wo kommen die her …!?), und warum ich die Zwiebeln der bis über einen Meter hoch wachsenden Zierlauche in den vorderen Bereich gepflanzt habe, wo die trockenen Schäfte und Köpfe jetzt den Blick auf die ohnehin nicht reichzähligen schönen Blüten der Monarda 'Squaw' ablenken – großer Gott, es ist mir ein Rätsel. Doch ich stehe nicht davor und ärgere mich, sondern ich sehe, wie schön es sein wird, ebensolches Beet im September, genau zwölf Monate nach seiner Vollsanierung, wiederum gründlich zu überarbeiten. Ein Grund der Freude, nicht des Zweifelns.

Es ist der Plan, der mich umtreibt. Es ist das Terrain, das mich erdet. Es ist das pure Ergötzen am Terroir. Die Arbeit im Garten darf nicht zur lästigen Pflichtübung werden, sie sollte freudig von der Hand gehen. Franzosenkraut jäten, Johannisbeeren ernten, Rasen mähen, die vergangenen Rosenblüten schneiden und den Duft, der sich dabei an den Fingern noch minutenlang hält, genießen – das sind die kleinen Fluchten aus dem Alltag.

Andere Menschen mögen auf diamantbesetzten Armbanduhren die Zeiger in steter Belanglosigkeit sich immer schneller drehen sehen und über die Zeit sinnieren, die wie der Wind fortweht. Doch die teuerste Ticktack vermag den Äon nicht zu bändigen. Das Tun und Lassen im Garten trägt schon eher zum Entschleunigen bei, auch wenn dies natürlich ein Trugschluss ist, aber ein schöner.

Über das misslungene Beet ein Lächeln legen, sich nicht zum Sklaven seiner hehren Ziele machen, Knoblauchsrauke und Wiesenschaumkraut mal erblühen lassen und den abendlichen Besuch im Gewächshaus zum Ritual erheben, obwohl es dort heute nichts zu tun gibt – kommt dies entspannte Verhältnis zum Tun dem idealen Gärtnern nicht viel näher als jeder Zustand der Perfektion?

Würde ich Perfektion anstreben, käme ich nicht umhin, die Stockrosen nach der Blüte abzuschneiden, bevor sie sich wild aussäen, um anderswo in den Folgejahren mit neu gemischter Couleur zu überraschen. Ich müsste mit Akeleien, Glockenblumen und meinem geliebten Schlaf-Mohn ebenso verfahren. Zu viel Arbeit für zu viel gestaltete Langeweile. Sollen sie sich doch verbreiten und erst einmal keimen. Wenn's mir dann zuviel wird, wenn die Jungpflanzen die Struktur der Beete und Rabatten zu sprengen drohen, kann ich sie dann ja immer noch im nächsten Jahr herausrupfen.

Was ich für gewöhnlich allerdings nicht übers Herz bringe.

Und siehe da: Auch ein Johanniskraut hat sich auf diese Weise ins Beet geschummelt. Es ist ein kleines Pflänzchen nur, aber ein nimmermüdes, und stünde es in einer Gruppe seinesgleichen, würde es viel mehr Aufmerksamkeit von mir bekommen. Die Einzelpflanze ist nicht spektakulär, jedoch öffnet sie trotz allem die Augen für florale Überraschungsmomente, die nicht zwingend der hohen Gartenkultur verschrieben sind. Wie das Silberblatt. Wie die Knoblauchsrauke. Wie das wirklich hübsche Wiesenschaumkraut.

Es geht nicht darum, solchen Blumen gänzlich das Feld zu überlassen, aber ließe man nicht einen einzigen Strunk ihres grünen Aufbegehrens stehen, würde man das Schöne in ihnen niemals entdecken.

Aufgeräumte Stauden- und Gehölzgärtner schlagen über solchen Zeilen natürlich die Hände über dem Kopf zusammen. Ich aber bin der festen Überzeugung, dass Menschen, die die Schönheit in den goldgelben Blüten des Johanniskrauts nicht entdecken, sie auch nicht in einem über und über mit Farben und Flor gesegneten Riesen-Rhododendron finden werden.

Das Schöne. Ich weiß, so leicht ist davon die Rede. Immer erhebt sich der Volksmund mit seinem prägenden Satz, dass Schönheit im Auge des Betrachters liege. Der Volksmund redet Blödsinn. Ein Beet, über und über mit Franzosenkraut durchsetzt, ist nicht schön. Wenn das Auge des Betrachters darin Schönheit erkennt, braucht es eine Brille. Dass die progressive Gartengestaltung nur weit entfernt von der Stiefmütterchenfraktion stattfinden kann, ist sicher. Darin spiegelt sich eine Sehnsucht nach Rebellion wider. Die Gratwanderung ist aber der Unterschied zwischen dem völligen Verwildernlassen und einem dosierten Nichtstun.

Genau aus diesem Grund habe ich das Johanniskraut stehen lassen, ein Gewächs, das nicht vorgesehen war neben Indianernessel und Skabiose. Das Wiesenschaumkraut zu Füßen der Johannisbeeren durfte schon im Frühsommer blühen, aber eben nur dort und nicht anderswo. Und das Silberblatt darf sich nach seiner Blüte gerne aussäen, aber nur drüben, bei den Tannen, nicht in der Rabatte, wo die Kräuter stehen.

Ich will der Natur nicht alles verbieten, weil ich mir dann selbst vieles verböte. Zu gärtnern bedeutet, nicht als Zerstörer, sondern als Korrektor zu wirken. Erst dann entsteht eine lebendige Pflanzlyrik, die mancher anzuerkennen weiß, manch anderer nicht. Daraus ist keinem ein Strick zu drehen. Man muss niemandem im Brustton der Überzeugung etwas vorbeeten. Die Hauptsache liegt in beiderseitigem Respekt – und im besten Fall in einer gegenseitigen Befruchtung, die für die Poesie des Gärtners einen neuen Vers bereithält.

10

… erst die schlichte Eleganz verhalf den Edelfedern der Antike zu lyrischen Höhenflügen …

Zur Osternacht, das Sternenzelt nimmt seinen Raum im besten Fall am wolkenbefreiten Firmament, läuten die Glocken weithin hörbar. In den Städten und Dörfern des Weserberglandes und anderswo vermögen die hübschesten Kirchen und Kapellen ebenso himmlisch zu klingen wie Notre-Dame in Frankreich und la bellissima chiesa in Italien, wie die smukke kirke in Dänemark und the beautiful church bei Miss Marple. Dennoch versinnbildlicht die Osterglocke im Allgemeinen nicht des Pastors Ruf nach einer Handvoll Gläubigen, sondern steht im biblisch-floralen Zusammenhang der fortwährenden Wiederauferstehung.

Diese Zwiebelblume, selbst von überzeugten Atheisten nur selten als Narzisse, sondern ebenfalls Osterglocke deklariert, ist fraglos ein zutiefst passendes Symbol dafür. Wenn auch der Winter lang und frostig gewesen sein mag, so ist's der Narzisse gleich. Ohne die Umschreibung der an Sicherheit grenzenden Wahrscheinlichkeit überhaupt bemühen zu müssen, kehrt sie in jedem Frühling mit einer Selbstverständlichkeit zurück, die gegensätzlich ihres sonst so bodenständigen Wesens den Narzissmus von Narcissus zutage trägt, wie es selten eine Pflanze zu tun pflegt. Eitel Sonnenschein ist nicht notwendigerweise Voraussetzung;

sie blüht, selbst wenn ihr noch Schnee auf die Krone fällt. Der lässt sie kalt. Und was die Wiederauferstehung angeht: Die Narzisse, ob als einfache Art, als zweifarbige gekrönte (bicolor) oder gefüllte Schönheit, blüht je nach Kalenderlage meistens schon weit vor Karfreitag …

Es gibt phantastische, schier zum Ausflippen schöne Edel-Narzissen. Die Sorte 'Feu de Joie', ganz und gar ihrem Namen folgend ein wahrhaftiges Freudenfeuer, ist wäscheweiß und mit orangefarbenem Herzen versehen. Ein Kunstwerk der Züchtung. 'Eis King' trägt gewissermaßen eine krause Krone aus dottergelbfarbigem Mischmasch, fließend ins Cremeweiß übergehend. Und 'Parisienne' erweckt den Eindruck, ein Spiegelei zu sein, das sich über den frühlingsfrischen Beeten erhebt. Da wäre zudem 'Petit Four' mit zart buttergelbem Kranz, aus dessen Mitte ein apricotfarbenes Blütengekräusel hervorstrebt. Der Name von 'Double Campernelle' ist zwar doof, aber erstens sind Namen bekanntlich Schall und Rauch. Und zweitens lässt die sattgelbe, gefüllte Schönheit keinen Zweifel daran aufkommen, dass sie unbedingt ins Beet muss … Mit jeder Züchtung mehr wächst die Sucht, die Zwiebeln dieser himmlischen Blumen zu pflanzen. Das Frühlingsleuchten allüberall im Garten, selbst dort, wo die Sonne nicht besonders lange bleibt, wird sich in den fröhlichen Augen widerspiegeln, die dieses Leuchten als Geschenk zu deuten wissen.

Die „dufte" Dichter-Narzisse verhalf einigen großen Meistern zu poetischen Höhenflügen. Ihre Einfachheit ist ihr großes Kapital.

Dennoch sei dringlich davor gewarnt, sich den septemberlichen Zwiebelpflanzungsträumen allzu blauäugig hingeben zu wollen und nur noch Edel-Narzissen mit gefüllten Blüten zu pflanzen, denn bei Regen – und es regnet gerade in solchen frühen Gartenjahrtagen des Öfteren – lassen sie ihre Glocken hängen, weil sie an Petrus' Bürde schwer zu tragen haben. Ich ziehe deshalb einen Stilmix aus verschiedenen Narzissen vor und sehe in den schlichten gelben Trompetennarzissen, also den klassischen Osterglocken, einen großen Vorteil: Sie tragen ihre Köpfe immer aufrecht, was ja auch als Sinnbild für das Leben im Allgemeinen stehen kann. Man muss nicht einem edelteuren Geblüt entstammen, um trotzdem stolz und anmutig zu sein. Vielleicht war es gerade ebensolche schlichte Eleganz der Dichternarzisse (Narcissus poeticus), die den Edelfedern der Antike zu lyrischen Höhenflügen verhalf.

Es gab, weil die Züchtung sich erst viele Jahrhunderte später entwickelte, nicht wie heute über 1000 Sorten, jedoch schon genug unterschiedliche Blumen dieser Familie. Diese gepriesene Art brachte und bringt je Stängel nur eine reinweiße Blüte mit einer im Vergleich minimalistischen und rotgeränderten Nebenkrone hervor. Dafür duftet sie angenehm, was unbedingt zu der Annahme führen darf, dass Schönheit nicht zwangsläufig allein im Auge des Betrachters, sondern ebenso in der Nase dessen zu spüren ist, der sie nicht allein optisch zu finden sucht. Wie schade, dass in der modernen Lyrik niemand mehr die Dichternarzissen auf dem Schirm hat. Also, jedenfalls fast niemand. Das folgende Gedicht dürfte wohl das aktuellste sein.

Narcissus Poeticus

Um die köstlichst Poesie
Aufzuschütteln wie ein Kissen
Pflanze man mit Akribie
Sich Poeticus-Narzissen.
Optisch kaum von edler Güte
Sind sie einfach strukturiert.
Doch ein liebliches Gedüfte
Um den Kronenkranz jongliert.
Was am Ende ganz behände
Zu der Annahme verleitet
Dass der Dichterglocken Bände
Längst gedruckt sein müssten und verbreitet.
Doch kein Dichter, da kein Denker
Und noch weniger Gedichte.
Und das Lyrische der Blume
Ist statt Gegenwart Geschichte.
Auf ein Wort: Die hier ist schnieke
Wie zu Zeiten der Antike.
Also bitte sehr, ein Vers:
Der hier, ja, der wär's!

… weil El Schnurri davon nicht genug bekommen kann …

Die streunende Rote mit den spitzen Ohren und dem aufgeweckten Blick räkelt sich in der Katzenminze. Seit Tagen geht das so. Volle Suhle. Sie wälzt sich darin wie ein Hund im Aas. Das Ergebnis lässt Schnurri in einem anderen Licht dastehen: Samtpfote – pah, wer's glaubt! Die Pflanze leidet, fällt auseinander, Blätter sind zerfetzt, Zweige gebrochen.

So niedlich die Mieze aussieht, kann ich nichts Gutes an dieser Sache entdecken, und ich müsste lügen, wenn ich behaupten würde, die Wirkung der Nepeta-Pflanzen auf die streunenden Stubentiger ausreichend beleuchtet zu haben. Aber es gibt so viele Pflanzen, die einen deutschen Namen tragen, der nicht auf die Goldwaage gelegt werden sollte. Die Kuhschelle zum Beispiel läutet ja auch nicht nach Vorbild einer Euter tragenden Alpenvorlandgemeinschaft, und die Eierfrucht ersetzt so wenig ein Huhn wie es die Fetthenne tut.

Meistens erschließt sich die Bedeutung des deutschen Synonyms für die botanischen Namen aufgrund des Erscheinungsbildes – Fuchsschwanz, Frauenschuh, Muschelblume, Katzenpfötchen heißen so, weil sie annähernd so aussehen. Doch ab und zu hat der Name eben weitreichende Bedeutung, so eben auch bei der Katzenminze. Die Blüten und

Blätter haben in ihrem Antlitz nichts mit dem einer Katze gemein, vielmehr deutet der Begriff auf die euphorisierende Wirkung der beliebten Gartenstaude hin. Wie im Rausch wälzen sich die Katzen darin. Sie sind auf einem Trip! Nichts kann sie von Nepeta abhalten, kein angeranztes Fischlein, kein Sheba wisch und weg. Noch dazu werden Kater rollig, weil der in der Pflanze enthaltene Stoff Actinidin ähnlich duftet wie eine Substanz im Urin nicht kastrierter Kätzinnen, was – pardon – dem Katzenpseudonym Muschi eine ganze neue Bedeutung verleiht. Mit anderen Worten: Wo Katzenminze wächst, drehen früher oder später die Samtpfoten durch. Meistens früher.

Denn es hat nicht lange gedauert, bis ich die Sorte 'Walker's Low' plattgewalzt vorfand, gleich neben dem weißen Lavendel, der noch viel wundervoller duftet, für den sich die Maunzen aber nicht die Bohne interessieren. Schon nach relativ kurzer Zeit hatte die rastlose Bande spitzgekriegt, dass diese Katzenminze besonders gut roch. Kein Wunder, es ist eine schöne Sorte. 'Walker's Low' ist blühfreudig und wächst kompakt, natürlich nur solange kein Katzenhintern darin Platz nimmt. Es steht zu vermuten, dass sie aber auch 'Dropmore Blue' oder 'Six Hill Giant' bis zur Unkenntlichkeit verjuckeln würden.

Den Tieren daraus einen Strick drehen zu wollen, ist keine Lösung. Die können nichts dafür, die sind auf Droge, wenn sie das Zeug wachsen sehen. Bei jungen, fragilen Pflanzen hilft darüber gestülpter, grobmaschiger Kaninchendraht; die schon großen Stauden werden es wohl überleben. Und

Die Katzenminze 'Walkers Low' betört nicht nur die Samtpfoten.
Gartenbesitzer machen mit dieser Sorte nichts falsch.

vor dem Hintergrund, dass der botanische Name der Eselsdistel (Acanthium) „dornige Eselsblähung" heißt, könnte
alles ja noch viel schlimmer kommen.

12

**… ich trank meinen Tee very british und begab mich auf
einen Weg, der mich in den südenglischen Blütenstrudel
führte, direkt nach Hammerwood House …**

Im Tattlebury House in Goudhurst wird der Tee in einer
schweren Silberkanne serviert. Viel mehr Luxus erlaubt
man sich dort augenscheinlich nicht, gleichwohl der Mister
des Hauses seinen Jaguar vor der Eingangstür wirkungsvoll
auf dem Kies zu parken pflegt. Aber der ist alt, der Jaguar,
wie die Villa, die von außen mehr Charme versprüht, als
sie innen mit ihren zugigen Einfachfenstern und dem
schmutzigen Badezimmer halten kann. Als Bed and Break-
fast-Herberge ist das Herrenhaus allenfalls von draußen ein
Blickfang, wobei die nur leicht sprötzelnde Dusche, Modell
„Undichter Gartenschlauch", durchaus für Erheiterung
sorgt. Aber als ich gegen 8.30 Uhr – die Kohlmeisen und
Spatzen stimmten schon aufgeregt „Rule Britannia" an –
am dunklen Vollholztisch im Esszimmer Platz genommen
hatte, blickte ich auf eine Garnison Schlüpfer und Socken,
die hübsch sortiert auf einem tragbaren Wäscheständer
gleich neben der schweren Kommode zum Trocknen aufgehängt worden waren. Ich fragte mich bei meiner Reise
durch das maiengrüne Südengland einen Moment lang, ob
diese ohne Scheu zur Schau gestellten Buxen und Büsten-
halter in ihrem Dasein eine ebensolch blühende Fröhlichkeit entdecken können, wie es ein Brite in seinem Garten
jeden Tag aufs Neue zu tun imstande ist.

„Rhododendron Walk" im Park von Hammerwood House (Wiltshire, Südengland). Fehlen eigentlich nur noch die Elfen …

„Noch ein bisschen Tee und Toast?" Der Hausherr kümmerte sich rührend um seine Gäste. Ich lehnte ab. Genug gesehen hier drinnen.

Aber draußen nicht. Der stolze Jaguarfahrer führte mich über eine für englische Verhältnisse lausige Grasfläche zu seinen Rhododendren, die er vor einigen Jahrzehnten gepflanzt hatte, und wartete auf eine Reaktion. Die Blüten waren groß wie Handbälle. Sie leuchteten im frühen, kühlen Dienstagmorgenlicht, noch vom Tau benetzt, in kräftigem Orange und hellem Violett. Hummeln sausten ein und aus. „Meine Rhododendren blühen nicht so schön wie Ihre. Wie machen Sie das bloß?", lobte ich ihn, zog anerkennend die Augenbrauen nach oben, ohne eine Reaktion abzuwarten. Der Mann lächelte bescheiden aus seiner hellbraunen Stehkragenlederjacke.

Loben ist wichtig im britischen Königreich der Gärtner. Man darf lauthals über die Politik Beschwerde führen und den Engländern gut gemeinte Ratschläge zur Einführung von Mischbatterien in Duschkabinen geben. Ja, ich fürchte, dass selbst ein nicht zu arges Witzchen über die Queen bei passender Gelegenheit und einem dritten Pint Bier im „Chequers Tree" oder „Crown Inn" an der Old London Road nicht zu großartigen Verstimmungen führen würde. Jedoch einem Briten das Lob über sein grünes Reich zu verwehren, das wäre Majestätsbeleidigung. Der Buckingham Palace ist im Vergleich zum selbst gepflegten Cottagegarten nicht von Bedeutung.

Ich verabschiedete mich, dachte noch einmal an den Tee und die Unterwäsche, und fuhr los. Eine Reise durch England, besonders durch den vom Golfstrom geküssten, milden Süden, ist eine Reise durch einen großen Garten. Die schmalen Straßen sind von Hecken und Bäumen gesäumt, in denen Vögel ihre Nester bauen. Eichhörnchen und Hasen schummeln sich durchs Dickicht. Das satte Seitengrün ist ein ständiger Begleiter der Fahrt. Es fühlt sich an, als wenn Miss Marple und Inspector Barnaby gleich um die Ecke sausen würden, um den nächsten Kriminalfall zu lösen. Dann und wann säumen hübsche Cottages, deren schmale Schornsteine aus rotem Backstein emporragen und deren Eingänge gekrönt sind von fulminanten Blütenkaskaden der Clematis und Kletterrosen, die Straßen, sei es in Kent, sei es in Sussex oder Dorset oder sonst einer Grafschaft. Harken und Grabegabeln stehen an Fachwerkwände gelehnt, so als wenn sie Teil eines Gesamtkunstwerks wären. Im späten Frühling tanzen die Blüten von Akelei und Türken-Mohn wie Elfen in den Beeten, im Hochsommer ragen Rittersporn und Fackellilien wie Fahnen aus dem Boden. Sündhaft teure Range Rover werden auf knirschendem Kiesbett genauso vornehm vorgefahren wie die Fiestas, Golfs und Minis, denn hier schickt sich's nicht, Vorgärten und Höfe lieblos zuzupflastern.

Für den grünen Teppich, der sich zwischen Staudenbeeten, Gehölzen und dem Nutzgarten ausbreitet, gilt die Devise der gepflegten Eleganz in ebensolcher Manier. Fast liebevoll berichten die Briten über ihren Rasen. Das Gras sei nicht das wichtigste Element ihrer Gärten, es sei aber die

Fläche, auf der man von einem blühenden Höhepunkt zum nächsten gelange. Warum also sollte man diesem weichen Ozean der Verzückung nicht eine ebenso liebevolle Behandlung wie den Blumen zukommen lassen? Und so schneiden die gartenverrückten Engländer ihre Grasflächen nicht einmal, sondern mehrmals pro Woche, in seltenen Fällen täglich, noch bevor die Kirche zum Mittag läutet. Wenn's geht, auch im Fischgrätmuster.

Am Hammerwood House an der A 272, nicht weit von der Stadt Midhurst entfernt, wo es die besten Fish'n'Chips der Gegend gibt, haben sich die Hausherren weniger dem schlichten Grün, sondern vielmehr der Pflege von Gehölzen verschrieben. Rhododendren und Azaleen blühen dort in einer für private Verhältnisse seltenen Fülle und sind auf beachtenswerte Weise in einem Mischwäldchen, das zum Grundstück gehört, inszeniert. Von etwas anderem als hier von einer Inszenierung zu sprechen, ist schwer möglich, denn wie der Grasweg durch den Forst an den Rhododendren, Azaleen und Kamelien entlang mäandert, das ist wie eine große Bühne, auf der Shakespeare die Frage nach dem Sein und Nichtsein womöglich mit noch mehr Verve gestellt hätte. Die Grenzen von Wunsch und Wirklichkeit, von Fantasie und Realität, verschwimmen in diesem Crescendo aus Blütenschaum und glänzendem Blattwerk vollkommen. Stratford-upon-Avon, meilenweit entfernt, scheint plötzlich so nah zu sein.

In der englischen und schottischen Tradition des „Rhododendron Walk" gibt Hammerwood House ein großartiges

Beispiel ab. Hoch wachsende Arten und solche, die auch nach Jahrzehnten niedrig bleiben, sind im schützenden Schattenwurf von Eichen und Buchen geschickt miteinander kombiniert worden. Große Blütenköpfe wechseln sich mit kleinen ab, dunkelgrünes Laub mit hellem. Auf diese Weise entsteht ein spannendes Szenario, das mit dem Erblühen ab April und der Hoch-Zeit im Mai und Juni zwar seinen Höhepunkt erreicht, aber auch darüber hinaus nicht langweilig erscheint. Der traditionelle „Rhododendron Walk" ist auf der britischen Insel ein prägendes Element und Zeugnis einer unverrückbaren Geduld. Denn die meisten Arten wachsen langsam, und schreitet man an zehn, zwölf, manchmal fünfzehn Meter hohen Rhododendren entlang, wie sie auch im vom National Trust gepflegten Stourhead Garden (Grafschaft Wiltshire) und anderswo zu finden sind, dann ist klar, dass es viele Jahrzehnte, ja sogar mehr als ein Jahrhundert gedauert hat, bis sie diese Größe erreichen konnten.

Wie gut, dass die englische Gärtnerseele nicht von falscher Bescheidenheit geprägt ist. Sie, die Menschen, die auf privater Scholle mit Hingabe an ihrem bunt blühenden und grünenden Gesamtkunstwerk arbeiten, sägen sich zur späten Abendstunde in der eigenen Werkstatt aus einer ausrangierten Stalltür ein Schild, versehen es mit der Aufschrift „Garden Open" und nageln es noch vor Mitternacht an einen Zaunpfahl am Rande der Straße, um schon am nächsten Morgen Durchreisende an ihrem Glück teilhaben zu lassen. Mit Hammerwood House verhielt es sich ebenso. Ich sah das Schild, bremste und fuhr die Auffahrt zum Herrenhaus hinauf. Ein Ehepaar, Ende 50, offensichtlich die Hausherren, lächelte freundlich und bot Tee und Gebäck. Ich lehnte nicht ab, hielt für einen Moment, der genug Zeit für eine kleine Ewigkeit bot, auf der großzügigen Terrasse inne und blickte in den sanft talwärts gleitenden Park von Hammerwood.

Dampf kräuselte sich aus der Tasse Tee empor. Ich wunderte mich über die Größe des Gartens, der eigentlich ein Park war, und beneidete die Besitzer, obgleich ich den Arbeitsaufwand nicht zu unterschätzen wagte. Doch sie und ihre Vorfahren hatten das Areal clever mit verschiedenen Gehölzen bestückt. Die große Rasenfläche, selbstverständlich mit einem Aufsitzmäher auf geschätzte 52 Millimeter Höhe getrimmt, verjüngte sich in Richtung unterer Grenze. Zu beiden Seiten war das Grün von altem Baumbestand und hohen Büschen begrenzt. Zwischen den Gehölzen lugten die filigranen Wedel von Farnen hervor. Kaukasus-Vergissmeinnicht, Blauzungen-Lauch, Elfenblumen und Hasenglöckchen boten ein prächtiges Fundament. Ich trank meinen Tee aus und folgte dem Ratschlag der „Hammerwoods", durch den Hain zu gehen, der sich rechts des Grundstücks befand. Sie hatten nicht zu viel versprochen: Ich verfing mich im Blütenstrudel. Sein oder nicht Sein …

Ich weiß nicht, wie lange ich zwischen Rhododendren und Azaleen meine Runden drehte. Erst ein sanftes Plätschern lockte mich aus dieser traumwandlerischen Szenerie in die nächste. Ein schmaler Weg geleitete mich in einen Senkgarten mit Brunnen, der von verschiedenen Hosta-Sorten und Hufeisen-Farn eingerahmt wurde. Auf der Steinumfriedung hatte sich bereits dickes, saftiges Moos gebildet. Eine Skulptur spuckte Wasser. Rings um diesen Platz fand die farbenfrohe Gischt noch immer kein Ende. Ich war froh, dass der Wind das Geräusch von rührenden Löffeln in Teetassen von der Terrasse zu mir herüberwehte und mich in die Realität zurückholte. Denn man läuft Gefahr, sich die malerischsten Momente kaputtzugenießen, indem man einer Art Lethargie anheimfällt. Ich trennte mich vom Zauberquell und ging hinauf. Teatime.

Auf der Terrasse stehend blickte ich wieder talwärts, hinüber zum Zauberwäldchen. Ich traute mich nicht, M(e)ister Hammerwood zu fragen, wie lange er nach der Blütezeit für das Ausputzen seiner Rhododendren und Azaleen braucht, und bin froh darüber, mich nicht der Lächerlichkeit preisgegeben zu haben. Natürlich putzt er nichts aus! Er wäre angesichts der Fülle schätzungsweise bis Heiligabend damit beschäftigt. Heiligabend des übernächsten Jahres. Experten werden nicht müde zu behaupten, dass die Bildung der Samen nach der Blüte die Pflanze schwäche und daher ein Ausputzen des vergangenen Flors unbedingt anzuraten sei. Tatsächlich habe ich im eigenen Garten die Erfahrung gemacht, dass die Pflanzen keinen Schaden nehmen, wenn man sich diese Arbeit spart. Bis heute ist mir auch nicht zu Ohren gekommen, dass China eine Arbeiterbrigade in die Höhenzüge des Himalaya schickt, um die Rhododendren, die dort bis in einer Höhe von 4300 Metern prächtig gedeihen, vor dem Untergang zu bewahren.

Hammerwood House verschwand im Rückspiegel. Das nächste „Garden Open"-Schild ließ aber nicht lange auf sich warten und verkündete ein neues Kapitel im Blütenstrudel Südenglands.

Sich auf diese Weise treiben zu lassen, so wie es Bienen und Hummeln, Schmetterlinge und Schwebfliegen tun, wenn sie von einer Blüte zur nächsten fliegen, ist die schönste Art des Umherstreifens, was nicht allein für England gilt, oh nein, das wäre fälschlich zu behaupten, aber es gilt hier doch schon in besonderem Maße. Hier sind die schmalen, von Hecken gesäumten Wege das Ziel. Hier wird bei aller Bescheidenheit der eigene Cottagegarten als ein kleines Königreich im großen Königreich betrachtet. Manchmal liegt ein Pub am Wegesrand, dann hält man an, kehrt ein im „White Bear", „Stanley Arms" oder „Red Lion", stärkt sich mit einem Pint Bitter und breitet die Landkarte vor sich aus. Es dauert nicht lange, bis die Briten aufmerksam werden und den Suchenden verschlungene Wege zu noch verschlungeneren Gärten verraten, die selbst vom Navigationsgerät unentdeckt geblieben wären. Geheimtipps aus berufenem Munde. Man trinkt aus, bedankt sich und fährt weiter, das nächste Abenteuer fest im Sinn. Es ist wie eine ewig währende Reise zwischen dem Suchen und dem Finden unbekannter Kleinode, die wie Diamanten funkeln. Meistens verfehlt sie ihr Ziel nicht, aber sollte es doch einmal vorkommen, dann gibt es da ja noch die planbaren Größen wie Great Dixter Gardens, Bateman's, Scotney Castle oder Gravetye Manor. Die findet man auf jeden Fall!

13

… weil der Schlafmohn auch nicht jähzorniger als Eisenhut und Herbstzeitlose ist …

Wundersames rankt sich um den Schlafmohn. Seine Pflanzensäfte machten Papaver somniferum zu Schlafes Bruder. Wer sich ihm nähere, dem sagt der Teufel guten Tag, und wenn er schlecht gelaunt ist, vielleicht auch noch gute Nacht. Das aus der unreifen Samenkapsel gewonnene Opium und Morphin ist die dunkle Seite der Macht dieser Pflanze. In Ländern wie Afghanistan oder Myanmar wird Opium in großem Stil produziert. Unzweifelhaft handelt es sich um einen gefährlichen Stoff. Doch wie alles im Leben, so hat auch der Schlafmohn zwei Seiten: eine gute und eine schlechte.

Dass sie gerade hier dicht beieinander sind, liegt in der Natur der Sache, denn die große Bedeutung des Papaver somniferum wurde schon von Thomas Sydenham, sozusagen dem englischen Hippokrates, im 17. Jahrhundert hervorgehoben, der feststellte, dass „unter all den Mitteln, die es dem Allmächtigen gefallen hat uns zu geben, auf dass wir unsere Leiden lindern, keines so umfangreich anwendbar und so effizient in seiner Wirkung ist wie das Opium".

Opium besteht unter anderem aus 37 unterschiedlichen Alkaloiden; eines davon ist Morphin, das in der modernen

Medizin nach wie vor eine große Rolle in der Schmerzlinderung spielt. Friedrich Sertürner, ein deutscher Apotheker, schaffte es 1804 in Paderborn, das Morphin zu isolieren. Den Stoff, aus dem die Träume sind, benannte er denn auch nach dem griechischen Gott des Traumes Morpheus: Morphium. In der Mythologie kann sich Morpheus in jede beliebige Form verwandeln und in Träumen erscheinen. Der Schlafmohn ist in der Lage, dasselbe zu tun, weil er traumhaft schön ist.

Ja, der Schlafmohn weiß, wie er die Betrachter hypnotisierend um seine Blüten. Vier Blätter bilden diesen Kelch des Verbotenen, stehen für den Mythos des Unnahbaren. Sie tragen die Farben seidener Nachtgewänder, und was, wenn nicht das Porzellan chinesischer Teetassen, ist diesen fragilen Blütenblättern wohl ähnlicher? Zauberhaft ist die Wirkung, die diese Pflanze erzielt, und damit ist nicht der Zauber des allmählichen Wegdösens in andere Sphären gemeint, sondern die Magie seiner Schönheit. Keine andere Mohn-Art vermag dieses Antlitz zu übertreffen. Sicher sind die vielen Züchtungen und noch dazu die Türken-Mohne mit ihren riesengroßen Blüten in Knallrot oder lachsfarben auffälliger, aber warum, Teufel noch mal, kann man sich an solchen Sorten sattsehen, aber nicht am dämonischen Kleid dieses Gewächses? Selbst die Macht der Gewöhnung vermag ihn nicht daran zu hindern, uns in jedem Frühsommer aufs Neue wachzurütteln. Und das als Schlafmohn!

Es gibt Menschen, denen stellen sich die Nackenhaare auf, wenn man vom Schlafmohn zu schwärmen wagt. Kaum

Züchtern sind hinreißende Kreationen des „Gartenmohns" gelungen.
Die Sorte 'Danish Flag' gehört ohne Zweifel dazu.

formen die Lippen das Wort Somniferum, wird derjenige, der dieses unheilschwangere Wort in den Mund nimmt, als böser Bube abgestempelt, gerade so, als wenn er Satans Kumpel sei. „O, der Schlafmohn, der ist doch verboten", hört man's in der Runde tuscheln. Tatsächlich haben sie, die zu allem und jedem eine Meinung haben, damit sogar Recht, fast sogar zu einhundert Prozent. Aber eben nur fast: Denn Schlafmohn darf in Deutschland und vielen anderen Ländern nicht angebaut werden, im großen Stil schon gar nicht, wohl aber darf er – rein zufällig, versteht sich – wachsen. Und so war es ein großes Glück, vielleicht ein Wink des Himmels, sicher aber kein Zeichen aus dem Ort der ewigen Pein, dass eines schönes Tages irgendwann zu später Stunde eine Böe ein Samenkörnchen des Schlafmohns in meinen Garten trug. Möglicherweise fand der Wind, dass ein Somniferum, wenn schon nicht woanders, dann wenigstens am Blumenweg zu Höherem bestimmt sein muss. Würde ja passen.

Aus diesem winzig Kügelein aus der Kapsel eines Schlafmohns, der irgendwo sein Lager in der Feldmark bereitet hatte, wurde ein noch recht bescheidenes Dingelchen, das sich an der Grundstücksgrenze zwischen Pflasterstein und Klinkermauer festsetzte. Einer der letzten Maitage brachte die erste Blüte hervor. Die Morgensonne schien ihm, dem Mohn mit der dunklen Macht, ganz hell ins Herz, wo eine Hummel schon Platz genommen hatte und überhaupt nicht danach aussah, auf der Stelle drogensüchtig zu werden. Es war nicht der erste Mohn, den ich mit den Augen, aber der allererste, den ich mit dem Herzen sah.

Ein Jahr später schaffte er es, sich entlang der Mauer weiterzuverbreiten. Nichts leichter als das. Die Pflanzen stützen seither die in die Jahre gekommene Klinkergrenze, die sonst wohl hinfällig geworden wäre, was wörtlich zu verstehen ist. Ein weiteres Jahr später hatte er es auch aufs Grundstück geschafft und blühte sowohl im Steingarten als auch an halbsonniger Stelle zwischen den Stauden. Nun verbreitet er womöglich Angst und Schrecken in der Nachbarschaft, die mit Ferngläsern hinter ihren spießigen Gardinen steht und jeden Moment die Drogenbosse in schwarzen Limousinen vorzufahren erwartet, während sie in ihr mit selbstgemachter Marmelade bestrichenes Mohnbrötchen beißt. Hektargroße Landschaften möchte man mit Somniferum ausfüllen. Die Österreicher kennen das, die dürfen ihn kultivieren. Die Waldviertler Region hat sich auf den Anbau von Mohn spezialisiert, allerdings nicht nur Schlafmohn. Dass dort ein Gutteil der Einwohner rauschgiftsüchtig ist, stimmt nicht. Und doch lassen wir die Hände davon, in Deutschland Mohn in großem Stil anzubauen. Was nicht heißen soll, dass wir uns dem Samenkörnchen geschwängerten Wind in den Weg stellen würden. Das würde auch Volker Stieler nicht tun, wenn er nicht dazu angehalten wäre. „Die schönsten Sorten des Mohns bringt der Schlafmohn hervor, aber verkaufen darf ich Papaver somniferum nicht. Gärtnerisch gesehen ein Irrsinn", sagte er mir, als ich am Verkaufstresen in seinem Fachgeschäft für Gartenbedarf nach neuen Sorten Ausschau hielt. Ich pflichtete ihm bei – und bestellte schließlich ein paar Portiönchen im Internet, was er mir nicht übelnahm.

Gesegnet sei die virtuelle Welt. Früher hätte ich mich in meinen katalysatorfreien VW Käfer setzen müssen und wäre mit Vollgas Richtung Österreich oder England gebrettert, um an Schlafmohn-Samen heranzukommen, wo man mit dieser Pflanze entspannt umgeht. Das ist im 21. Jahrhundert wirklich einfach. Man bestellt per Mausklick, und das sortenreine Glück fliegt per Postumschlag in kleinen Tütchen einher. Das ist so wunderbar wie verstörend. Denn während hochprozentige Lebenskiller an Imbissbuden, in Tankstellenshops und Supermärkten verkauft wer-

Schwebfliegen auf Droge: Nichts mögen sie lieber, als sich im Schlafmohn zu tummeln.

den, muss man den Schlafmohn im stillen Kämmerlein von sonst woher ordern. Dass der Eisenhut jähzornigere Pflanzensäfte in seinen Leitungsbahnen birgt, als jeder Papaver, wird dabei geflissentlich übersehen. Dass die schmucken Herbstzeitlosen blühendes Gift sind – wen interessiert's. Die dürfen wachsen und gedeihen, und es ist gut, dass sie das dürfen. Aber der Schlafmohn darf es nicht, nicht so richtig offiziell jedenfalls. Und überdies – als wenn's nicht schon verrückt genug wäre – büßt er auch noch seinen Namen ein und wird als Gartenmohn gehandelt. Buchstäblich lässt ihn das weniger heimtückisch wirken, doch an seinen Säften, an seinem tiefsten Inneren, an dieser satanischen Seele ändert das nichts. Und das ist herrlich!

Immerhin ist es so, dass der Schlafmohn unter seinem wenig originellen Pseudonym Gartenmohn in einer Pracht erblüht, die die Urform der Pflanze um ein Vielfaches an Schönheit übersteigt. Gepriesen sei die Sorte 'Black Peony', deren Blütenkopf ein Blütenschopf ist, der sich mit Pfingstrosen messen kann. Es ist ihm ein Glanz beschieden, vor dem man voller Bewunderung in die Knie geht. Sein „black" ist natürlich kein Schwarz, sondern eine dunkelauberginefarbene Tönung, die er im tête-à-tête mit den Sorte 'Scarlet Peony' und 'Green Apple' hinreißend zur Schau stellt. Den Augenblick, an dem ich 'Black Peony' zum ersten Mal sah, ein warmer Junimorgen, an dem die Welt noch taugetränkt im Gähnen lag, werde ich nicht vergessen. Ich weiß noch, dass ich nicht glauben konnte, wie dieser Mohn seine dunkle Seite nach außen trug. Mir ist bis heute keine fast schwarze Blüte begegnet, die der Wirkung seiner Petalen standhalten würde. Ein berauschendes Ereignis, ganz ohne vom Pflanzensaft zu kosten.

Wie Rüschenröcke sehen die Blüten der gefüllten Gartensorten des Schlafmohns aus. Die Urform wächst weniger spektakulär und doch atemberaubend: Die einjährigen Pflanzen versprühen besondere Atmosphäre mit hellviolettfarbenen Blüten und einige Wochen danach ihre Samen, wenn die Kapseln trocken werden und aufbrechen. Vereinzelt überwintern die Körnchen im Erdreich, keimen im kommenden Frühling und wachsen zur nächsten Generation heran. Dennoch ist es besser, auch gezielt auszusäen und Saatgut zu sichern, wenn die Kapseln trocken sind. Wer sie nicht im Übermaß ausbringt, bewegt sich auch nicht auf der Schattenseite des Rechts. Und wenn schon …

Verkehrsinseln und öffentliche Beete lassen an wilder Schönheit vermissen. Es darben auch fremde Vorgärten und Ackerrandstreifen. Und mit Nagelschere getrimmte Schrebergärten verzehren sich nach ein bisschen verbotenem Glanz. Ach, wie hübsch würden ein paar Blüten des Schlafmohns all diese Plätze verzaubern. Er würde sie von ihrer Lethargie befreien, könnte das Phlegma besiegen.

Wenn ich es mir recht überlege, war es gut, vor einiger Zeit mit einem Beutel voller Somniferum-Samen loszuziehen und eine Spur unvernünftig zu sein. Je formaler die Gärten in den Siedlungen und Kolonien angelegt sind, desto mehr rufen sie nach etwas Abwechslung. Es juckt mir in den Fingern. Was es mir als unvernünftigem Mohnarchen schließ-

*Verheißungsvoll: Noch liegt der Tau auf der
Knospe des Papaver somniferum.*

lich nützt, wenn das Volk dann leider doch wieder über-
vernünftig gärtnert und nach Erbsenzählermethode jätet,
ist nicht gewiss. Aber die Erfahrung zeigt, dass irgendwo irgendwann ein Körnchen durchkommt und dort sprießt, wo
es nicht sprießen soll. Die Perspektive ist verlockend.

14

… von der hohen Kunst, die wahre Schönheit zu entdecken …

Alles quakt am Weiher. Ein wundervolles Plätzchen. Wer es bis hierher geschafft hat, ist möglicherweise schon eine ganze Weile unterwegs, denn der Weiher und die Moorlandschaft sind im hinteren Teil des Berggartens von Hannover-Herrenhausen angelegt worden, ein paar hundert Meter entfernt vom belebten Haupteingang. Doch so sehr das Froschkonzert zum stillen Innehalten auf einer Bank an den Ufern des Teiches locken mag, so töricht wäre es, den Impressionen, die auf dem Weg dorthin so zahlreich wie Körner auf dem Mohnbrötchen liegen, keine Zeit zu würdigen.

Allein der Steingarten ist eine Reise wert, eine Reise in das Reich solcher Pflanzen, die sich wie ein Teppich über blankes Sediment legen und nicht viel mehr Unterlage benötigen als ein Häufchen Schotter, vermischt mit einem kaum spürbaren Teil Erde. Diese Pflanzen wachsen gewissermaßen aus einem Hauch von Nichts zwischen Mauerritzen, Platten und Geröll hervor, kaum zeigend, woher sie ihre Nahrung erhalten. Der Silberteppich wächst so dicht und buschig, dass sich kein kleinstes Unkräutlein darin verlieren kann. Das Andenpolster, das nach Moossteinbrech aussieht, ist ausgesprochen kompakt; man möchte annehmen, es sei durch nichts zu zerstören. Beim stacheligen Igelpolster bin

Im Berggarten von Herrenhausen: Seltsamerweise steht das beeindruckende Terrain im Schatten des Großen Gartens – botanisch betrachtet ist es allerdings unerreicht.

ich mir dessen fast sicher, wenn ich vorsichtig mit der Hand über das graublaue Gewächs streiche, so wie ein Modeschöpfer, der gerade einen Schal drapiert.

Was besonders schön ist: Nicht das Blühende ist das entscheidende Merkmal dieser sonderbaren Gewächse, sondern das Bestehende, das Verlässliche ihres Wesens. Viele dieser Pflanzen sind das ganze Jahr über ein Blickfang, selbst (oder gar erst recht) dann, wenn an den ersten grauen Novembertagen, in denen so viele Menschen vom heimischen Sofa aus lieber einen Reisebericht auf die Blumeninsel Madeira im Fernsehen sehen, der erste Raureif sich über ihre Blätter gelegt hat oder ein Hauch von Schnee über sie hinwegweht, verbunden mit ein paar blass gewordenen Träumen eines vergangenen und eines kommenden Frühlings.

Das Zusammenspiel von Stein und Pflanze, von hart und weich, von unzerstörbar bis fragil, ist in diesem Teilbereich des Gartens herausragend dargestellt. Nur weil im Sonnengarten und im Staudengrund Frühling und Sommer so überbordend sich mit statuengleichen Gartenrittersporen und ausladenden Katzenminzenmeeren darstellen, nur weil die Rhododendren und Azaleen wahrhaftige, meterhoch duftende Blütenwände nach englischem Vorbild à la Stourhead Garden ausbilden, und nur weil die Entdeckung des Schöllkrautblättrigen Scheinmohns aus China im Schatten hochwachsender Bäume selbst für erfahrene Mohnkenner von Bedeutung sein dürfte, wird der Steingarten als konstante Größe grundsätzlich und nicht nur in

Hannover und nicht nur im Winter viel zu selten lobend hervorgehoben.

Das ist ja kein Mangel. Ein Großteil der Besucher botanischer Gärten mäandert die verschlungenen Wege durch Pflanzenfelder und Blütenkolonien entlang, um Verzückung zu erfahren. Dass solcherlei Freuden mehr mit buntem Flor und weniger mit erst auf den zweiten Blick entdeckten Pflanzen, wie sie ein Steingarten darzustellen vermag, zu tun hat, liegt in der Natur der Sache. Es ist ja nicht von der Hand zu weisen, wie großzügig die an der Sonne stehenden Staudenbeete im Berggarten von Hannover-Herrenhausen bestückt werden. Jahr für Jahr ist dies eine Meisterleistung der Gärtner. Denn zwar stehen die prächtigen, unzähligen Stauden nach jedem Winter wie Phönix aus der Asche aus dem Erdreich auf, ohne dass man gärtnerisch Hand anlegen müsste. Doch das Zutun der Frauen und Männer, die hier unzweifelhaft und unter dem innervierenden Zutun des Direktors der Gärten, Ronald Clark, viel Freude an ihrer Arbeit entwickeln, ist vermutlich trotzdem immens. Die Rispen der Rittersspornsorten 'Waldenburg' und 'Lanzenträger' schaffen es jedenfalls spielend auf 250 Zentimeter Höhe, was mehr als beachtlich ist für die Ritterschaft Eurer Hoheit, der Fauna. In ihr Blau quirlt sich das satte Rot des Türkenmohns, dessen große Kelche der Wind zärtlich umspielt. Zahllose Päonien, ineinander übergehend und von Sorte zu Sorte unterschiedlich blühend, säumen die Wege durch einen Teilbereich des Gartens, der in den Monaten Mai und Juni von einer Sturmflut der Farben erfasst wird. Sich darin fallen, seine

Sinne von Duft und Couleur betören zu lassen, ist ein herrliches Spiel des Nichtstuns. Allein der Gedanke, dies so in seinem eigenen Garten auch zu versuchen, ist im Ansatz falsch. Es wird nicht funktionieren. Der Berggarten in Herrenhausen, im 17. Jahrhundert von Herzog Georg von Calenberg als Küchengarten konzipiert, ist nicht ohne Grund einer der schönsten und reichhaltigsten botanischen Gärten Europas.

Und doch steht er im Schatten seines formalen Nachbarn, dem Großen Garten. Aus dem tritt er auch nicht heraus. Wird er nie tun, denn von 100 Besuchern preisen schätzungsweise 80, wenn nicht noch mehr, die riesige Fontäne, die reich bepflanzten Beete und das mustergültig gemähte, englisch anmutende Gras, das sie niemals wachsen hören werden. Diese formale Pracht samt Putten und perfekter Beet-Inszenierung, die einen Garten zum königlichen Kunstobjekt erhebt, lässt die Menschen schwärmen und ausschwärmen. Vom Berggarten, dessen botanische wie biologische Bedeutung weit über der des Großen Gartens einzuordnen ist, sprechen die restlichen 20 der 100 Besucher – oder weniger.

Das geht in Ordnung. Kein bedeutsamer Schlosspark – und der Große Garten zählt zu den bedeutendsten Barockgärten in ganz Europa – wäre ohne seine feudale Formalität heute so bekannt. Blicke ich nach Chenonceau, dem mit seinen Bögen hübsch über den Fluss Cher sich rollenden Prachtbau im Tal der Loire, ergibt sich dasselbe Bild. Es war vor einigen Sommern und ich stand im Stau vor der Kasse, dem sich der Stau vor dem Eingang zur Galerie und schließlich ein mehr als zähfüßiges Voranschreiten auf den Treppen und Korridoren anschlossen. Hunderte von Menschen waren gekommen und mühten sich redlich, nicht zu drängeln, was ihnen nicht gelang. Natürlich verlief sich die Menge in den strengen Planquadraten der Anlage, aber der Park war nicht mehr in der Lage, seine fröhliche Ruhe auf die Menschen auszustrahlen. Die Brunnen, so kam es mir vor, ließen nicht friedlich ihr Wasser plätschern, sondern vergossen Tränen der Entweihung eines Kunstwerks.

Das ist die Crux: Schönheit zieht die Menschen an. Die Lösung liegt nun darin, als Besucher eine Nische zu finden, in der man seinen Frieden findet. Ich fand ihn.

Ich fand ihn im Küchen- und Gemüsegarten, einige hundert Meter entfernt vom Trubel. Kaum eine der zahllosen Menschenseelen hatte sich hierher verirrt, entweder weil sie diesen Bereich nicht entdeckt hatten oder weil sie ihn nicht entdecken wollten. Das eine war mir recht, das andere schleierhaft. Denn wo geballtes Gärtnerwissen vorherrscht, da wird ein Gemüse- oder Blumenbeet auch mal zum Kunstwerk erhoben, ohne sich seines im wahren Wortsinn bodenständigen Daseins zu entheben. Das muss man sich doch anschauen! So verlor ich mich in den wogenden Farben eines riesigen Zinnienbeetes. Hunderte Blütenköpfe, dicht an dicht gedrängt, so wie die Menschen drüben im überfüllten weißen Traumschloss, leuchteten in rot und gelb und rosa und orange und lilafarben, heller als die Sonne selbst. Wäre ein Sprungbrett vorhanden gewesen, ich hätte es genutzt, um genussvoll einzutauchen wie Dagobert Duck in seinem Geldspeicher es zu tun pflegt. Schöner kann man nicht ertrinken.

Weiter drüben leuchtete der Amaranth und malte die Räume zwischen Hochstamm-Johannisbeeren und Tomatenpflanzen mit kräftigem Violett aus. Currykraut und Ysop, Lavendel und Thymian versprühten ihre Appetit machenden Düfte. In mehreren Rankbögen waren große, geflochtene Volieren eingehängt worden, nur so zum Spaß, nicht, um Vögel darin einzusperren. Ein einziger Gärtner, braun gebrannt und sichtlich entspannt, machte sich in den Salatreihen daran, Wildkräuter mit der Hacke zu entwurzeln. „Bonjour", rief ich ihm zu, er warf mir den Gruß freundlich retour und arbeitete weiter. Auf einer Wiese gleich nebenan grasten braune Esel, deren Beine von Enten und Hühnern umgarnt wurden. Ich erachtete diesen Teil von Château de Chenonceau als den schönsten von allen, doch die meisten Menschen, die sich das paradiesische Prachtschloss angeschaut haben, wissen nichts von dieser elysischen Parallelwelt, die abseits sich hinter großen Platanen versteckt.

Und so, genau so, verhält es sich mit den Herrenhäuser Gärten. Zwei, drei Mal habe ich mir den Großen Garten angesehen, zwei, drei Dutzend Mal war ich im Berggarten auf der anderen Straßenseite. Das soll um Himmels Willen nicht bedeuten, den einen gegen den anderen Bereich auszuspielen. Der Große Garten ist – auch noch dank Neubau des Schlosses und Sanierung der Orangerie – das feudale, aufrührende Gegenstück zum in sich ruhenden Berggarten, dessen unterschiedliche Bereiche so sinnlich ineinander fließen wie die Kapitel eines Jane-Austen-Romans. Wie der Riesen-Ehrenpreis 'Fascination' mich magisch in seinen Bann zieht, wie der über 130 Jahre alte Katsurbaum, 18 Meter hoch und kerngesund, im Herbst seine nach Lebkuchen duftenden Blätter fallen lässt, wie der Goldmohn das ganze Jahr lang im Präriegarten tanzt und die Hosta-Hybride 'Green Acres' im Rhododendronhain sich zu riesiger Gestalt aufbaut, das ist alles berauschend. Man kann hundertmal hinfahren und entdeckt doch immer etwas Neues. Diese Zeilen mögen als Ode dem botanischen Wundergarten gewidmet werden. Auf dass ich niemals von dieser Sucht befreit werde.

Bei all der blühenden Gegenwart nährt die Historie einer solchen Anlage die Träume. So stehe ich jedes Mal aufs Neue mit offenem Mund vor dem mächtigen Tulpenbaum, der 1794 gepflanzt worden und damit der älteste freistehende Baum im Berggarten ist!

1794 – Goethe und Schiller machen sich zu neuen Meisterwerken auf, als das junge Gehölz gerade schon seine ersten feinen Würzelchen ins gesegnete Erdreich krallt. Beethoven ist 24 Jahre alt, die Französische Revolution entwickelt sich Richtung Siedepunkt, und der französische Schriftsteller Simon Nicolas Henri Linguet wird mit dem Tode bestraft, weil er nach Auffassung Frankreichs zu sehr den Engländern und Österreichern geschmeichelt haben soll. Kein Mensch wird je in der Lage sein, so lange auf

Erden zu weilen, wie dieser Tulpenbaum, der den Weltkriegen so standhaft trotzen konnte wie Hungersnöten und Dürreperioden, Unwettern und Herbststürmen. Heute beträgt sein Stammumfang rund 4,2 Meter, und seine Krone endet in den Wolken bei Goethe, Schiller und Beethoven.

Dass man süchtig nach solchen Momenten des Entdeckens wird, ist nicht ausgeschlossen. Man holt tief Luft, man atmet das Grün und schwelgt in einem Zustand des unbezwingbaren Glückes. Das Leben ist ein Garten. Verschiedene Facetten lassen ihn zum Stoff der Träume werden. Die einen können nicht genug bekommen von ihren Kakteen und Sukkulenten, die anderen zieht es wollüstig ins Gemüsebeet, wo sie Kartoffeln ernten und den Duft des Dills einsaugen, wenn er sich über das Feld legt. Mich selbst macht der Berggarten glücklich, im besten Fall bei Sonnenschein, im schlechtesten bei Wind und Wetter. Und wenn mir die lustige Eichhörnchen-Bande zwischen Weiher und Eichenhain über den Weg läuft, weiß ich, dass von all den verlorenen Tagen, die sich im alltäglichen Leben eben leider so ergeben, doch gerade wieder einer gerettet worden ist.

15

… von himmlischen Wassern und teuflischen Gießern …

Dass der indische Regenstab nach so vielen Jahren meinem gärtnerischen Tun schon im Mai als letzter Strohhalm dienen würde, war nicht zu erwarten. Seit Wochen schickte ich wie viele andere Beetschwestern und Blumenbrüder bange Blicke zum Himmel in der Hoffnung, ein Wölkchen zu erhaschen, das ganz weit entfernt auf ein paar Tropfen Wasser hoffen ließ. Dazu schwang, ja, ich möchte behaupten, ich schwong sogar den Regenstab aus Kaktusholz, gefüllt mit Reis und Erbsen, um die guten Geister zu beschwören, die das frische Nass über uns herabrauschen lassen sollten. Es war eine Art Übersprunghandlung, ich weiß, aber in Ermangelung einer besseren Idee der letzte Strohhalm.

Die Rhododendronblüten waren klein, weil es ihnen an Wasser fehlte. Ihre dunkelgrün glänzenden Blätter gilbten. Beim Zierlauch das gleiche Bild: Aus den herrlich großen Bällen der Vorjahre waren mickrige, farblose Blüten geworden, längst schon vergangen, was sonst immer erst frühestens Mitte Juni der Fall ist. Viele Pflanzen, selbst jahrzehntealte Gehölze wie Schneeball und Deutzie, hatten sich früh entwickelt, waren aufgrund des Wassermangels aber nicht schön erblüht, weil sie mit dem haushalten mussten, was ihnen blieb, und das war kapital wenig. In den wichtigen Vegetationsmonaten März und April waren kaum 40 Liter Regen pro Quadratmeter gefallen. Normalerweise fällt in dieser Zeit das Vierfache!

Ein Reservoir konnten sie also nicht bilden; von Anfang an waren die Stauden und Gehölze durstig. Allein das Beeren- und Kernobst schien sich gut entwickelt zu haben, jedoch war zu befürchten, dass der „Junifall" stärker ausgeprägt sein würde als in den Vorjahren. Dagegen ist nicht viel zu unternehmen, man muss es hinnehmen.

Natürlich können, ja müssen Gartenbesitzer den Schlauch ausrollen und den Hahn aufdrehen, doch der Weisheit letzter Schluss ist das nicht. Sparsam mit dem Wasser umgehen sollte selbst in trockenen Zeiten das Gebot der Stunde sein. Und ziemlich viele Pflanzen, die unsere Gärten zu einer blühenden Quell der Inspiration und Freude machen, mögen das kalkhaltige Nass aus dem Hahn auch nicht so sehr. Das weiche Regenwasser ist ihnen viel lieber, weshalb es aufgefangen werden muss, muss, muss! Per Fallrohr in Tonnen oder – noch besser – unterirdischen Tanks, die teils bis zu 10000 Liter Volumen bieten. Wer einen großen Garten hat, hat dafür auch Platz und kann sich den Tanz mit dem raschelnden Regenstab selbst in kargen Zeiten ersparen. Vorausgesetzt, er fängt auch früh mit dem Sammeln des Wassers an: Steht ihm kein unterirdischer und damit frostfreier Tank zur Verfügung, wird er das Winterende abwarten müssen, um im Frühling das

Tropfen für Tropfen: Wasser spielt eine wichtige Rolle, doch es ist maßvoll damit umzugehen.

himmlische Nass möglichst frühzeitig in die Tonnen laufen zu lassen.

Nun ist es ein Paradoxon, sich über Sonne zu freuen und Regen zu vermissen. Wer Blumen liebt, wer mitleidig nachvollziehen kann, wie sich verschiedenste Pflanzen in staubiger Trockenheit mühen müssen, mit ihren Wurzeln noch eben so viel Feuchtigkeit und Nährstoffe aufzunehmen, dass sie standhaft Blüten entfalten und Früchte tragen, alleine der kann das Darben nachvollziehen. Wenn Rittersporne, Flammenblumen und Sterndolden in Ermangelung einer Pumpe und vor dem traurigen Angesicht leerer Regentonnen tagelang keinen Tropfen Wasser bekommen, dann tappt man im Strudel der Traurigkeit. Schließlich dreht man den Wasserhahn auf und greift zum Schlauch. Über das viel zu kalte und kalkhaltige Nass freuen sich die Pflanzen nicht so sehr; eher schon der heimische Energieversorger. Jedes unscheinbare wäschegraue Wölkchen wird in Trockenzeiten zum Hoffnungsschimmer. Lädierte Gärtnerseelen, längst dazu bereit, lieb gewonnene, spröde Pflanzen zur letzten Ruhe auf dem Kompost zu betten, erkennen in kleinsten Kumuli eine Oase der Frische und müssen, noch bevor sie vorbeiziehen, erkennen, dass es doch nur eine Fata Morgana war. Wüste, nichts als Wüste.

Sich über den Regen freuen, heißt, sich für die Pflanzen zu freuen. Seine Schäfchen im Trockenen zu haben, das gilt hier nicht, das wäre nicht im Sinne des Grüns. Regen, reinwaschend und Frische versprühend, ist etwas besonders Schönes. Kein Grund, darüber zu zürnen. Das viel zu lang vermisste Wasser fällt nicht schnöde vom Himmel, vom heiteren schon mal gar nicht, um dann im Erdreich zu verschwinden, sondern es benetzt die Welt sinnvoll Tropfen für Tropfen.

Die Spuren, die ein Sommerregen mit dem Aufblühen von allerlei Stauden und Gemüsen hinterlässt, sind ergreifend. Das Aufschlagen der Tropfen auf die großen Blätter von Bergtabak und Mammutblatt ist wie haydnische Musik. Die silbernen Perlen, die sich auf den Blättern der Funkien zu kleinen Seen verfangen und an den Blüten von Akelei und Glockenblume eine spiegelnde Kette bilden, sind Kunst von unschätzbar subtilem Charakter. All die Liebkosungen des himmlischen Wassers hier unten auf der Erde versammeln sich zu reiner Poesie. „Love comes over me. Falling like summer rain" heißt es in einem Liedtext, aus der Feder des Hardrockers David Coverdale fließend. Selbst harte Jungs verfallen der streichelnden Magie des leisen Schauers. So sei allen, die über das Wetter nörgeln, gesagt, dass der Regen nötig ist. Er fällt auf fruchtbaren Boden.

Es ist natürlich ein ebensolches Paradoxon, sich über den Regen zu freuen und die Sonne zu vermissen. Die Lochgießerfraktion freut sich jedenfalls ganz besonders, erhält sie mit jedem Schauer doch neue Munition für ihr zerstörerisches Tun. Die LGF taucht zur Geraniensaison aus den allerletzten Überbleibseln der Winterpause auf und gewinnt rasant an Mitgliedern, ohne es zu merken. Das ist nichts weniger als bedrohlich. Denn wer die LGF zwecks Genießen seiner Sommerfrische an der See als Urlaubsvertretung auf die eigene Scholle holt, kann seinen Garten nach der Rückkehr mit Stumpf und Stiel als Golfplatz für Arme vermieten.

Grässliche Szenerien stellten sich mir dar. Löcher, viel größer als die, die ich jemals als Bube in den Schnee gepinkelt hatte, fraßen sich in den verdichteten und brüchig gewordenen Boden. Neben den Stauden, die nur ab und zu etwas frisches Nass bekamen, ging's ja noch, aber der Topfgarten sah aus wie Helgoland nach dem Zweiten Weltkrieg. Ein Lochgießer – und Gott bewahre, ich behalte es für mich, wer es gewesen ist, er wird's ohnehin wissen – hatte lieblos Tag für Tag auf die immerselbe Stelle gewässert. Zweieinhalb Wochen lang. Volles Rohr, wie ein Feuerwehrmann beim Großbrand. Die Blumen hatten genug Wasser bekommen, sahen aber doch traurig aus. Ist ja klar: Wer sich die Zähne nur auf einer Seite putzt, kriegt irgendwann auch Karies.

Ich wünschte den Gießer nach Malakka. Ich verfluchte sein Tun, obwohl er aus seiner Sicht alles richtig gemacht hatte. Ich begriff in jenem Moment aber auch, dass die LGF keine militante Initiative ist, sondern ihre Fehler nicht als Fehler anerkennt und infolgedessen psychologisch betreut werden sollte. Ich musste etwas unternehmen. Und ich fand eine Lösung: Steine. Damit hält man der Lochgießer miserable Handlungsweisen in Grenzen.

Nicht werfen, nein, ich möchte nicht missverstanden werden. Es geht ums Legen. Steine auf der Oberfläche eines jeden Gefäßes, in dem eine hübsche Pflanze steht, helfen den Schaden weitestgehend in Grenzen zu halten. Die LGF erhält den Auftrag, auf den Stein zu gießen und nirgendwo anders hin. Nirgendwo! Hübsche Alternative: Muscheln. Mit denen lässt sich obendrein eine maritime Atmosphäre schaffen. Die kleinen Dinger von der Ostsee erzielen allerdings kaum Wirkung; es sollten schon die großen von der bretonischen Atlantikküste sein. Sie bieten überdies den unschätzbaren Vorteil, die Feuchtigkeit auch an sehr heißen Tagen länger im Erdreich zu bewahren.

Die LGF wäre damit ohne ein einziges schlimmes Wort zur Raison gebracht. Volkshochschulen müssten trotzdem endlich Kurse im richtigen Wässern von Pflanzen anbieten, damit die schönsten Topfgärten nicht irgendwann von einem Riesenkrater im Boden geschluckt werden. Eines möchte ich den Lochgießern jedoch zugutehalten. Die Schäden, die sie hinterlassen, sind eher ideologischen Ausmaßes. Schlimmer sind die Mitglieder der Überbrauserpartei. Die ÜBP nimmt nie den Gießkopf ab und benetzt mit Eifer in sengender Sonne alles, was nach Pflanze aussieht. Trotz viel frischen Wassers ein Brandherd. Nichts als Gesocks, das auch nichts auszupft. Zurück bleibt das traurige Schweigen verbrannter Erde.

Und wo wilde Wasser strömen, ist jedes Beet dem Untergang geweiht, zumindest solange es sich nicht um die Randbepflanzung des Gartenteichs handelt. Ich schreibe diese Zeilen nicht nur den Überbrausern, sondern auch allen anderen übermotivierten Gießern ins Gebeetbuch, die beim

Pflanzen das Wasser nicht halten können. Es gibt nicht wenige Menschen dort draußen, die mit unerschütterlicher Leidenschaft ihre just gekauften Stauden und Gehölze ersäufen; Pflanzen, die es unter dem Zutun fachmännischer Hingabe in den Gärtnereien aus einem kleinen Ableger in ein eigenes Pöttchen bis in Reihe 1 des Verkaufs geschafft hatten. Was um des Himmels Willen bewegt die Unwissenden nun dazu, Wiesen-Salbei, Heiligenkraut, Schafgarbe und so unendlich viele andere Schönheiten nach Niagarafall-Art dermaßen mit dem kostbaren Nass vor, während und nach dem Pflanzen zu versehen, dass den armen Gewächsen nichts anderes übrig bleibt, als die eigenen Wurzeln faulen zu fühlen? Es ist ein Strudel des Unglücks, der sich hier ereignet, worunter Rittersporne, Sonnenröschen, aber auch Säulenapfelbäume und Oleander heftig leiden, um hier nur einen Bruchteil derer zu nennen, denen in den Stunden dieses Unterganges mein Mitgefühl gilt.

Um sich eine Vorstellung von dem Ausmaß zu machen, bemühe ich den Blick auf das monatliche Niederschlagsmittel. Es liegt im mitteleuropäischen Bereich zwischen 60 und 80 Litern pro Quadratmeter. Die fallen also innerhalb von 30 Tagen. Wie wenig Sinn wird es also machen, gleich mal zwei randvoll gefüllte Zehn-Liter-Kannen an den Fuß eines einzigen frisch gepflanzten Birnbaums zu schütten, lieblos hingeknallt. Am nächsten Tag wieder und wieder und wieder. „Er muss doch wurzeln", heißt es dann. „Ja, Herrgott, dann lasst es ihn tun und tauscht eure pflegerische Inkontinenz endlich gegen maßvolles Gärtnern", rufe ich den Totgießern zu. Dem Baum nützt die Verschlämmung nichts.

Es gedeiht ja auch kein Obst im Wattenmeer. Der Standort muss nur feucht sein, aber darf er niemals zur Matschepampe werden, in der die Pflanzen zu versinken drohen wie Old Shatterhands Widersacher im Treibsand.

Weil es nach einschlägiger Expertenmeinung heißt, man solle die Pflanzen gut angießen, bedeutet dies nicht, sie auf Gedeih und Verderb mit Unmengen von Wasser zu versorgen. Kein Unwetter wird sich schlimmer auswirken können, als die tageweise volle Dröhnung, volle Kanne. Wenn es ohnehin üppig geregnet hat, der Boden also feucht genug ist, reicht fünf- bis zehnminütiges Tauchen der Wurzelballen aus. Alles andere ist übertrieben und mindestens als fahrlässige Tötung zu bewerten.

Sommer

<u>In den Gärten der Loire</u>

Wohin der Wind uns wehen wird,
Durchziehen Engelsdüfte lichten Raum.
Und somniferums Reich gebührt
Ein Sonnenplatz im Blütenschaum.

In überbordender Manier
Zerfließen Farben all' im Grün.
Im Rosengang spielt ein Klavier
Zum großen Goldmohn-Auferblühen.

Wo Iris nah dem Himmel gleichen,
Weil niemand sie ums Blau betrog,
Wird dies als Vorwort nicht gereichen
Und gilt gleichwohl als Epilog.

16

… in rasantem Schub schießt der Hopfen seine Tentakel an den Waagerechten des Rankgitters hinauf …

Es trug sich zu an einem heißen Sommertag. Die Luft stand, ich saß – zwar nicht in der prallen Sonne, aber auch nicht wirklich hübsch beschattet. Ein Konstrukt aus Holz, Stahl und Milchglas reicht eben niemals aus, um der Schwüle die Kraft zu nehmen, wie es das Blätterdach eines Apfelbaumes tun kann. Nur Grünes ist imstande, eine Art Erfrischung zu mixen, naturgegeben und jeden zartesten Windhauch mit einem noch milderen Fächeln vervielfacht. Aber ein Apfelbaum rankt nicht an der Pergola. Etwas anderes musste her.

Zahlreiche Rank- und Kletterpflanzen lassen sich bedauerlicherweise furchtbar viel Zeit, so viel Zeit, dass sie erst dann Schatten zu spenden in der Lage sind, wenn man selber schon alt und grau ist. Das ist natürlich übertrieben, dennoch trifft es die Sache im Kern. Eine Clematis ist hinreißend, als veredelte „montana"-Art mit zartrosé-weißen Blütenblättern und gelben Stempeln sowieso. Nach dem Flor folgt die Ausprägung des dunkelgrünen Laubs. Die Verästelung der Waldrebe schreitet von Jahr zu Jahr voran. Bis zu zehn Meter klettert sie insgesamt am Spalier hinauf. Das ist sensationell. Und sorgt eben dafür, dass man sich sein lauschiges Plätzchen unter grünem Kleide bereiten kann. Aber das dauert und dauert. Und dauert.

Efeu? Um Himmels Willen, das Zeugs bringt Wände zum Einstürzen. Es krallt sich in Hauswände, sprengt Mauern und Schieferplatten, zerdrückt Fallrohre und erobert sich grüne Bereiche, für die es ursprünglich nicht vorgesehen war. Auswüchse dieses Ausmaßes können Grundeigentümer in tiefste Verzweiflung treiben. Blauregen? Auch zu kräftig. Wisteria ist ein zerstörerischer Genosse: Wenn er an Fallrohren hinaufwächst, dann drückt er sie irgendwann kaputt. Das traut man dem Schönen gar nicht zu, es ist aber so. Der Blauregen benötigt stabile Kletterhilfen, am besten unzerstörbare aus Edelstahl. Das belohnt er dann sicher mit einer atemberaubenden Blütenfülle, aber pleite und mittellos – Edelstahl ist nicht billig – bleibt die Freude darüber dann eher verhalten. Ein König der Kletterer ist Wilder Wein – bis zu 20 Meter Höhe schafft er. Allerdings sollte er nur dort angepflanzt werden, wo das Mauerwerk seine immense Kraft auch zulässt, zum Beispiel an Klinkern. Und wer als Hausbesitzer der beknackten Fassadendämm-Lobby auf den Leim gegangen ist, sollte dem Wilden Wein schließlich keine weitere Beachtung schenken: Der Putz der isolierten Häuser ist vor den kräftig krallenden Haftorganen dieses Kletterers absolut nicht sicher.

Nach reichlichem Für und Wider sann ich nach einer unkonventionellen Lösung, die sich im Hopfen fand. Man muss kein Biertrinker sein, um ihn trotzdem pflanzen zu dürfen, das ist mal klar. Die ausgeprägte Neigung zum Gerstensaft hat mit dem Gärtnerischen ohnehin wenig zu tun. Er soll nicht geerntet und vergoren werden, er soll ja wachsen und Schatten spenden.

Das tut Humulus lupulus nachgerade abscheulich fleißig. Es dauerte ein einziges Jahr, in dem er sich ein wenig störrisch anstellte und nicht recht in Fahrt geriet, aber dann, mein lieber Herr Gesangverein, dann legte er los wie die Feuerwehr. In rasantem Schub entließ er seine Tentakel an den Waagerechten des von einem Schlossermeister sehr gut ausgetüftelten Rankgitters. Seit einem Jahrzehnt kriecht Humulus lupulus nun also in jedem Frühling noch ein bisschen müde aus seinem Wurzelgeflecht, um sich dann Tag für Tag in der Wuchsgeschwindigkeit zu übertreffen in einer Manier, dass es mir angst und bange werden kann. 17 Zentimeter in 24 Stunden! Ich schwör's, ich hab's gemessen und geprüft. Er hat mutmaßlich auch keine Zeit zu verlieren, denn als Staude aus der Familie der Hanfgewächse – und eben nicht als Gehölz – wird er in jedem Herbst auf den Stock zurückgeschnitten. Das macht ihn als Sicht- und Sonnenschutz besonders an Terrassen wertvoll. Vom späten Frühjahr bis in den Oktober hinein ist's schön grün, im Winter licht.

Es scheint, dass er von Jahr zu Jahr nicht nur schneller, sondern auch sehr viel kräftiger wird. Mir schwant also Böses, wenn das so weitergehen sollte, denn mit zunehmender Dauer überwindet der Hopfen Grenzen, die er auf keinen Fall überschreiten soll. Was macht er da jetzt in der Dachrinne? Und mit der nebenstehenden Clematis montana verheddert er sich auch. Es gibt da diesen Albtraum, in dem er des Nachts seine hakeligen Fühler durch das geöffnete Fenster steckt und mich würgt, bis mir die Luft wegbleibt. Tentakelorakel.

Der Hopfen als Kulturform ist ein wichtiger Baustein deutscher Bierbraukunst. Obwohl das Pils gemeinhin als bitterwürziges Männergesöff gilt, werden beim Brauen stets nur die zapfenförmigen weiblichen Dolden verwendet, die ab September den typischen Duft im Garten versprühen. Deutsches Bier hat also eine sehr weibliche Note. Hingegen ist es wohl weniger überraschend, dass der Hopfen sich immer im Uhrzeigersinn nach oben dreht. Das machen viele Kletterpflanzen – viele, aber nicht alle. Schönstes Beispiel ist hier der Blauregen. Während der Chinesische (Wisteria sinensis) links windend klettert, schraubt sich der Japanische (Wisteria floribunda) rechts drehend in luftige Höhen. So oder so geht es für beide hoch hinaus: bis 30 Meter!

So weit nach oben schafft es der im Eilzugtempo wachsende Hopfen freilich nicht. Dafür sät er sich aus und taucht nach einiger Zeit auch an anderen Stellen auf, dort, wo er gar nicht Platz finden sollte. An der Thuja-Hecke. Im schmalen Beet an der Veranda. Selbst aus den Steinritzen des Schaumburger Gerumpelten tut er sich hervor. Einerseits schön. Andererseits hatte ich nicht vor, dass er das gesamte Grundstück samt Haus und Garage zu einem Kokon umkrempelt, aus dem kein Entrinnen mehr möglich ist.

Und außerdem wollte ich so viel Schatten dann auch wieder nicht. 's war doch nur für die Terrasse gedacht.

… mein Handy ist alt, mein Auto aus der Mode, aber ich habe Goldmohn-Samen von Ahmed aus La Chatonnière; viel mehr kann ich vom Leben nicht verlangen …

Ich sitze auf einer Bank, an jenem himmlischen Platz, der von Rosen umrankt ist und von dem sich der Blick auf den Garten von La Chatonnière öffnet. Die mit Schiefer gedeckten Türme des Renaissanceschlosses glänzen in der Mittagssonne, weiße Tauben umrunden sie, fast so, als wachten sie über den Frieden, den La Chatonnière im Département Indre-et-Loire ausstrahlt. Die Fenster des Schlosses blicken geradezu fröhlich in die Runde, denn nach allen Seiten hin sehen sie Wundervolles, sie sehen wie ich, an höchster Stelle im Rosengang auf einer grünen Bank sitzend, einen Garten, der seinen Namen verdient. Fürwahr, La Chatonnière, der Name schmeichelt dem Ohr, ist ein Garten und weit davon entfernt, ein Park zu sein. Das lässt diesen Ort so überaus sinnlich erscheinen, nahezu intim, so vollkommen und paradiesisch. In den allermeisten Herzen brennt sich La Chatonnière deshalb ein und wird nie mehr daraus verschwinden. Auch nicht aus meinem.

Es ist so unglaublich schwer, den Platz auf der Bank im Rosengang freizugeben, wenn man ihn erst einmal hat. Neidischen Blicken anderer Besucher, die dort auch gerne sitzen möchten, begegnet man am besten mit einem freundlichen, nicht zu lauten „Bonjour"; sie werden lä-

Gärtner mit einem Herz aus Gold: Ahmed Azéroual hat die Gärten von La Chatonnière (Loire, Frankreich) kreiert.

chelnd ebenso grüßen und im Idealfall weitergehen. Dabei ist dieser Platz mitnichten der schönste im ganzen Garten, man hat von dort nur den schönsten Blick.

Der Duft von Rosen und Geißblatt vermischt sich mit dem aufgeregten Zwitschern französischer Spatzen und Kohlmeisen, die hier, im Leisen, jeden Tag neue Abenteuer zu erfliegen ersuchen. Unterhalb der Anhöhe des Ganges erstreckt sich der in Form eines Rosenblattes angelegte Garten der Fülle. Die von Buchsbaum eingefassten Parzellen sind mit Gemüse und Obst bestückt. Kohlköpfe stehen im Mai in Reih und Glied wie eine Fußballmannschaft während der Nationalhymne. Mangold, Tomaten und Paprikaschoten konkurrieren um das schönste Rot, ein Rot, das den Erdbeeren ebenso gut steht, die ab Ende Mai bis Anfang Juli appetitlich unter ihren dunkelgrünen Blättern hervorleuchten. Die Rippen dieses Riesenblattes, die die Parzellen unterteilen, werden durch Wege gezeichnet, die durch den Garten der Fülle führen. Ach, es ist nun Zeit, sich von der Bank zu erheben und hinunterzugehen, um zu lustwandeln durch ein Königreich des Augenschmauses, der ein Schmaus sein kann. Vorausgesetzt, man hat Glück.

Nicht das Glück, unbeobachtet aus diesem Kunstwerk stibitzen zu wollen, weil man im Louvre ja auch nicht der Mona Lisa ein Bärtchen malen darf. Sondern das Glück, Ahmed Azeroual zu treffen. Er ist Chefgärtner von La Chatonnière und hat ein Naturell, das Blumen zum Blühen bringt. Wenn nicht seines, welches dann? Als Monsieur Azeroual aus seiner jätenden Haltung aufschaut, stellt er sich gerade, reibt sich mit der Handfläche den Schweiß von der Stirn und kommt, die Hacke in der linken Hand tragend, herüber. „Nicht Monsieur Azeroual, sag einfach Ahmed zu mir." Gut, die Sache wäre geklärt. Also nur Ahmed, ohne Monsieur. Auf diese Weise dokumentiert „le chef jardinier" die Bestimmung des von ihm seit Anfang der neunziger Jahre geschaffenen Gartens: keine seelenlose, gepflegte Langeweile, sondern eine Fülle an Farben, Formen, Pflanzen, Düften.

Er lächelt. Mit seinen Mitarbeitern sei er gerade dabei, den Garten der Fülle von Pflanzen zu befreien, die dort nicht hingehören. Das Wort Unkraut verwendet er nicht. Er habe früher in den Gärten von Villandry gearbeitet, nur zwölf Kilometer von hier entfernt und weltberühmt. Dann habe ihn Madame de Andia, Besitzerin von La Chatonnière, engagiert, aus diesem Boden inmitten der Landschaft zwischen Fôret de Chinon und dem Fluss Vienne einen zauberhaften Garten zu gestalten. Mehr noch: zu kreieren. „Gefällt er dir?", fragt Ahmed, und o ja, er ist sich der Antwort sicher, die ich ihm gebe.

„Es ist großartig hier. Wenn ich ein Schmetterling wäre, würde ich nur in La Chatonnière auf Nektarsuche suchen." Das gefällt ihm. Nektar suchen ist angesichts der Blütenfülle kaum von Bedeutung; Hummeln, Bienen, Schmetterlinge müssen hier nicht suchen, sie finden im Überfluss. Einfach so. Ahmed verabschiedet sich höflich. Er müsse weiterarbeiten. Eine halbe Stunde später drückt er mir noch einen Beutel Goldmohn-Samen in die Hand. Es gibt so viele Menschen, die sich über große Autos freuen, mit denen sie schließlich auch nur von A nach B gelangen und wenn sie Glück haben, noch zurück. Es gibt welche, die sich fassadengroße Fernseher an die Wände ihrer spießigen Wohnzimmer hängen in der Hoffnung, das Programm würde dadurch besser werden. Es saugen viele ihr Selbstwertgefühl gänzlich aus der Tatsache, stets das neueste Smartphone mit sich zu führen, das sie dennoch nicht vor schlechten Nachrichten bewahren kann. Mein Handy ist alt, mein Auto durchschnittlich, mein Fernseher nichts wert, aber ich habe Goldmohn-Samen von Ahmed aus La Chatonnière. Viel mehr kann ich vom Leben nicht verlangen.

„Guter Mann, sehr guter Mann. Er hat ein Herz aus Gold", lobte ihn Béatrice de Andia schon in den neunziger Jahren. Was kann sie anderes sagen über Ahmed? Unter seiner Ägide ist ein außergewöhnliches Refugium entstanden, dessen Strahlkraft weit über die Grenzen Frankreichs hinaus leuchtet und von dem die kommenden Generationen noch sprechen werden, wie es die heutigen von Mozart und Beethoven tun. Alles an La Chatonnière ist bezaubernd, und wenn man es in höchsten Tönen lobt, dann spricht man nicht von e i n e m Garten, sondern genau genommen von d r e i z e h n Gärten, die fließend ineinander übergehen und deren Herzstück unzweifelhaft der Garten der Fülle ist. Und da ist der Garten der Liebeslieder, in dem die Blüten von Kletterrosen auf patinabesetzten Gerüsten so hübsch aussehen wie ein Sahnewölkchen auf der Mousse au Chocolat. Jalousien aus Korbweiden weisen die Wege, und wer sich nicht gerne im Labyrinth verirrt, muss ein Herz aus Stein haben. Daran schließt sich der Garten der Wissenschaft an, in dem es nach Pfefferminz und Ysop, nach Currykraut und Basilikum, Rosmarin und Fenchel duftet.

Die dreizehn Gärten – Garten der Fülle, Garten der Intelligenz, Garten der Wissenschaft, Garten der Liebeslieder, Garten der Üppigkeit, Frankreichs Garten, Sichel der Wohlgerüche, Garten des Schweigens, Garten der Genüsse, Tal der Eleganz, Garten des Tanzes, Garten der Sinne und schließlich das „théatre de l'impertinence" – sind Poesie, ein jeder für sich und im Ganzen für La Chatonnière. Dass man zumindest den zwölften nicht sofort zu erkennen vermag, obwohl er mit sechs Hektar der größte von allen ist, liegt sprichwörtlich in der Natur der Sache: „Frankreichs Garten", so hat ihn das Haus de Andia genannt, ist die natürlich umgebende Landschaft La Chatonnières, ein Teilstück der Seele in der Touraine. Aber- und Abermillionen Kornblumen, Margeriten und Klatschmohnblüten wachsen auf den Feldern rundherum. Wenn La Chatonnière als Kunstwerk bezeichnet wird – und es hat durchaus diesen Titel verdient –, dann bildet „Frankreichs Garten" den Rahmen dafür.

Ahmed hat Madame de Andias Gartentraum in einen Traumgarten verwandelt. Wie er da jetzt wieder so im Goldmohn steht, verschwitzt von der Arbeit, aber glücklich und mit einem sonnengebräunten Lächeln, glaubt man der Madame gerne, dass Ahmed Azeroual, Träger des französischen Verdienstordens für Landwirtschaft (Officier Agricole), ein Herz aus Gold hat. Vielleicht sogar aus Goldmohn. Und dass der gebürtige Marokkaner stolz ist auf das, was er hier zusammen mit einem kleinen Gärtner-team geschaffen hat, merkt man. Stolz ja, eingebildet aber nicht.

Gärten sind wie Musik. Es kommt zwar auf die Komposition an, doch gleichwohl sind sie Geschmackssache. Im Val de Loire, dem Garten Frankreichs, gibt es viele wunderschöne Gärten. Die blühende Wucht des Jardin du Soleil von Villandry ist unbestreitbar, die Originalität von Rivau unerreicht, das Gartenfestival von Chaumont-sur-Loire wie ein Fenster in die Zukunft. La Chatonnière aber ist alles zusammen. Ruhe und Sturm. Regen und Sonne. Himmel und Erde. Zeit und Raum.

Der Goldmohn schwappt wie eine Welle den Rosenhang hinab und umspült den Garten der Fülle. Die Iris machen es dem Himmel gleich, betrügen ihn um sein schönstes Blau. Kugeldistel und Prachtkerze, Sonnenbraut und Fackellilie konkurrieren um den besten Platz an der Sonne, wohlwissend, dass ohnehin keiner von ihnen ein Schattendasein fristen muss.

La Chatonnière übt eine nicht greifbare Faszination auf seine Besucher aus – und wie man sieht, auch auf alle seine Pflanzen. Immerfort ist von den Schlössern der Loire die Rede, von den weißen Prachtbauten aus Sandstein, die hoch über den Flussufern thronen oder von Weinreben umgeben sind. Von den Gärten sprechen vergleichsweise wenige Menschen. Dabei sind sie mindestens genauso imposant, und sie haben den eindeutigen Vorteil, dass sich in ihnen selbst die größten Touristenmassen in den Sommerferien sanft verteilen. Aber von den Menschenmassen bleibt La Chatonnière ohnehin weitestgehend verschont, erst recht im Mai, warum auch immer. Mehr als zehn Autos und ein paar Fahrräder sind auf dem geschotterten Besucherparkplatz selten zu sehen, und es kommt vor, dass das Kassenhäuschen nicht besetzt ist und man klingeln muss, damit einem Einlass gewährt wird. Acht Euro Eintritt sind nicht zu viel. Wo so viel Licht die Seele fluten kann, ist dennoch auch ein Schattenfleck: Jüngst verfügte das Haus, nur noch die Pforte zu öffnen, wenn mindestens zehn Menschen davor warten. Ob diese neue Strategie dem Ansehen von La Chatonnière nützt, darf mit einem Fragezeichen versehen werden. Ahmed schweigt dazu; es ist nicht seine Entscheidung gewesen. In dem Wissen, dass auch das schlechteste Marketing die schönste Blütensinfonie nicht zu zerstören vermag, macht man sich am besten keine Sorgen.

Es ist gerade kurz vor 16 Uhr. Nach zwei Stunden des Entdeckens und Umherstreunens durch die Themengärten könnte ich mindestens noch einmal so lange verweilen, den Abend genießen, die Nacht verbringen, an Blüten schnuppern, zum Himmel schauen und Luftschlösser bauen. Der sinnliche Duft des Geißblatts flutet die Luft des Nachmittags, und die sieben schiefergedeckten Türme des kleinen Château der Renaissance piksen in die weißen Wolken. Ahmed verabschiedet sich. „Du bist immer willkommen. Ich muss jetzt aber noch arbeiten. Wir sehen uns heute Abend." Durch den Garten der Intelligenz schreitet er davon.

Einige Stunden später gießt er in seiner Küche am großen Holztisch kunstvoll den Tee aus einer marokkanischen Kanne. Im hohen Bogen plätschert der Aufguss aus frisch geschnittener Minze und Verbene in die Mokkagläser. Er schmeckt köstlich. „Ich liebe diesen Ort. Es ist viel Arbeit, aber ich liebe das alles sehr", sagt Ahmed. Er ist zu beneiden. Sein Geburtsland ist Marokko, aber seine Heimat, das spürt man, seine Heimat ist dieser Garten in der Tiefe eines kleinen Seitentals des Flusses Indre. Er hat ihn geschaffen. Sein Blick fällt aus der Küchentür direkt in den „Garten der Sinne". Gerade legt sich die Sonne schlafen. Ahmed gießt nach, wieder im hohen Bogen direkt ins schmale Glas. Nicht einen Tag auf La Chatonnière, nein, einen ganzen Sommer müsste man hier verbringen. „Du kannst hier schlafen", bietet er wie selbstverständlich an. Wer weiß, wie viele Touristen zwischen den blühenden Stauden, den duftenden Rosen und unter dem Zirpen der Zikaden mit einem ebensolchen Gedanken schon schwanger gegangen sind.

Einige Wochen später habe ich zu Hause einen Brief formuliert, handschriftlich und in schlechtem Französisch. An Ahmed, einfach Ahmed, die Seele von La Chatonnière. Wie mich sein Garten berührt hat, das habe ich ihm geschrieben. An grauen Novembertagen tragen mich meine Tagträume bis in den blühenden Mai oder in den Juli dorthin. Ich sehe mich auf sonnengewärmtem Stein sitzend, schreibe Gedichte, sehe die weißen Tauben um des Schlosses Türme kreisen und spiele Gitarre. Nur in Dur, nichts in Moll. Nur Fröhliches, nichts Graues. Wie es sich gehört für La Chatonnière.

18

… wer nur nach Eleganz trachtet, nach inszenierten Arrangements und Perfektion, dessen Augen werden rasch an Langeweile erkranken …

Der Goldmohn, man mag es mir verzeihen, dass ich Eschscholzia californica einstweilen als Lieblingsflor auserkoren habe, hat sich in den Steingarten geschummelt. Durchlässiges Substrat, keine Spur von Staunässe, und die vom Kies rückstrahlende Sonnenwärme lassen ihn prächtig gedeihen. Er ist kein unbegabter Selbstdarsteller, weil er selten einzeln steht, sondern im strahlenden Kollektiv. Nach passenden Nachbarn fragt er nicht. Würde er das tun, hätte der Goldmohn, satt-orange wie eine Apfelsine aus biologischem Anbau, darauf verzichtet, neben der kräftig dunkelrosa blühenden Lichtnelke aufzustreben. Aber was kümmert ihn die Farbkombination? Was kümmert's die Lichtnelke? Und was kümmert's eigentlich mich?

Ich wäre nicht auf die Idee gekommen, ein Blüteninferno dieser Couleur in Szene zu setzen. Das hat die Natur selber getan, die Natur, die nie am falschen Ende spart. Der Goldmohn ist nicht scheu bei seiner Selbstaussaat. Und die Lichtnelke weiß als eigentlich Zweijährige sich ebenfalls gut zu verbreiten. Vielleicht hat's der Wind getan, vielleicht eine Ameisenbande, die die Saat verschleppte, möglicherweise auch ein Spatz, der den Samen von ganz woanders einbrachte, indem er ihn pickte und dann im Steingarten mal

Konventionen ade: Im fröhlichen Garten darf sogar die Stundenblume Hibiscus trionum wachsen. Eigentlich gilt sie als „Unkraut".

musste. Wie auch immer es zu dieser Kombination gekommen ist, sie ist ohnegleichen und sie lehrt mich, weniger auf Konstellationen achtzugeben und vielmehr auf das Überraschungsmoment des Unerwarteten. Der Garten erzieht seinen Gestalter, ihn für würdig zu erhalten. Das werde ich tun – und das Duett so belassen, wie es ist.

Ich beließ es auch dabei, als sich gleich drei konträre Gesellen denselben Topf ausgesucht hatten, um ihre Sommerfrische zu genießen. Da war die Jungfer im Grünen, ʻMiss Jekyllʻ im Himmelblau, die wie ein Boot der Hoffnung auf einem hellroten Meer aus Geranienblüten schwebte, während ihr steuerbordseits ein roséfarbener Schlafmohn als Leuchtturm Geleit gab. Ein koloriertes Sammelsurium, dessen Textur widerborstigen Erbsenzählern, die in ihrem Garten nichts als Langeweile zu arrangieren versuchen, ein Dorn im Auge ist. Mir egal. Konventionen sind sowieso Unkraut. Im Süden meines Herzens ist viel Platz für solche Bilder. Die Schönheit bricht sich Bahn. In einer Affektstauentladung sie zu zerstören, nur um geordnete Verhältnisse zu schaffen, wäre impertinent. Andersherum muss nichts davon auf Teufel komm raus geschaffen werden, weshalb ich eben auch Abstand davon nehme, Blumen in einem scheinbar unpassenden Rahmen zu implantieren. Solche Zufälle lassen sich auf keine Weise installieren; sie kommen von alleine und sehen nur dann nicht gewollt aus.

Es ist trotzdem unzweifelhaft, dass ein bestimmtes Pflanzschema sich doch auch nach der Farbe richten sollte. Was aus einer Farbfamilie stammt, ergibt ein stimmungsvolles

Bild. Das Farbspiel der Blüten darf aber nicht als unabdingbar gesehen werden, denn wer nur nach Eleganz trachtet, nach Arrangements und Perfektion, dessen Augen werden rasch an Langeweile erkranken, weil sie aus Gewöhnung übersehen, was sie eigentlich sehen sollten. Bleibt der Spielraum für Überraschungen verschlossen, ermüdet der Blick. Kein Klatschmohn, der sich aus den Tiefen eines strukturell guten Beetes erhebt. Keine Distel, die blühen darf, obwohl sie dazu hingebungsvoll beispielsweise als Mariendistel in der Lage ist. Kein sich selber ins Beet geschummeltes Löwenmäulchen, das stolze Erhabenheit mit niedlicher Koketterie ins Wanken bringt. Wo bleibt dann bloß die Freude?

Sissinghursts weißer Garten im südenglischen Kent, als Kunstwerk hochgelobt, steht unumstößlich als Paradebeispiel größter Eleganz. Dieser Teilbereich in einem der schönsten Anlagen Englands wird monatelang vom Weiß getüncht, einem Ton also, von dem manche Maler behaupten, es würde sich nicht einmal um eine Farbe handeln, sondern um einen Irrtum. In Sissinghurst ist es kein Irrtum, das steht mal fest. Dort wird das Weiß als erhabene Zutat zum Gesamtkunstwerk würdevoll in Szene gesetzt. Aber was augenscheinlich in solchen Räumen fehlt, ist die Fröhlichkeit, die Freude, das Spontane. Und auch: die Anarchie, das Wahnwitzige, der Stein des Anstoßes! Wenn nicht schon hinter der nächsten Backsteinmauer ein Teilbereich warten würde, der farbenfroh leuchtet, wenn Sissinghurst allein nur weiß blühen würde, wäre die gesamte Anlage nicht annähernd so schön. Das weiße Kunstwerk kann sich über alles andere nur deshalb erheben, weil die umliegenden Räume –

Eibenallee, Rosengarten, Obstwiese – mit ihrer Unbekümmertheit der Sanftheit des weißen Gartens das Feld bereiten.

Weiß wird schnell zur Farbenleere. Man muss es kombinieren, das geht gar nicht anders, denn keiner von denen (oder ich denke doch nur die allerwenigsten), die über diese Zeilen den Kopf schütteln, haben Sissinghurst'sche Verhältnisse in ihren eigenen Reihen (und wenn, dann herzlichen Glückwunsch!). Sie haben keinen Gärtner, der jeden Tag zupft und rupft und sprüht und den Weißraum als Weißraum kunstvoll zu erhalten vermag. Man muss das Weiße in ein Spannungsfeld setzen, als Zutat betrachten, so wie das Fleur des Sel, das grobe Salz aus Guérande am Atlantik, das man sich auf die gebutterten Kartoffeln bröselt. Es nicht für sich zu halten, sondern es effektvoll als Mittler zwischen den Farben erstrahlen und es auf diese Weise selbst zu einer Farbe werden zu lassen, das ist die Kunst, darum geht's.

Irgendwie logisch, dass also die weiße Vexiernelke 'Alba' neben weißem Phlox und weißem Staudenmohn kaum ihre optischen Reize ausspielen kann. Den anderen geht's genauso: Ihre Wirkung verpufft zu schnell im Einerlei, doch stehen sie neben blauer Katzenminze, violetter Prachtscharte, bunter Margerite und sonnengelbem Weiderich, dann fallen sie auf, dann betüpfeln sie das gesamte Terroir und schenken ihm Glanz und Gloria.

Unbegründet ist in diesem Zusammenhang auch die Angst vor unpassenden Farbwelten. Rot zu Lila. Orange zu Rosé. Es lebe das Gegensätzliche.

19

… Rudis Vanillekirsche – ein letztes Glas in Ehren …

„Anke, da steht ein Schwein mit Stoßzähnen vor der Tür!?"
„Jetzt mach schon und steig aus."
„Wieso immer ich …?"

Ehefrauen legen mitunter eine stringente Art an den Tag, die jeden Widerstand zwecklos macht. Ich stellte also den Motor ab und öffnete die Tür meines Autos. Ich setzte den linken Fuß nach draußen. Ein Grunzen ertönte. Ich holte den rechten Fuß nach und flutschte ungelenk aus dem Wageninneren, immer den Eber aus dem Augenwinkel betrachtend. Noch ein Grunzen. Ich grunzte zurück in der Hoffnung, so dem Tier zu signalisieren, in Frieden gekommen zu sein.

„Der tut nichts", rief ein freundlicher Herr, der justament um die Ecke gebogen kam. Er war geradewegs aus dem Garten gekommen und hatte einen weißen Eimer in der Hand, randvoll gefüllt mit dunkelrot glänzenden Kirschen.

„Wie heißt er denn?", fragte ich ihn.
„Das ist Rudi, unser Minischwein", entgegnete der nette Herr.
„Na ja, so mini ist er nicht …", stellte ich im Anblick des schweinischen Schwertmaßes fest und bewunderte die Hauer des Tieres, die in der Abendsonne wie die Stoßzähne

afrikanischer Elefanten glänzten. „Der Rudi ist ganz friedlich. So, das hier sind Ihre Kirschen. Ich habe sie frisch gepflückt."

Ich nahm den Eimer entgegen. Ach ja, die Kirschen, deshalb waren wir schließlich hierhergekommen. Pralle, dunkle Kirschen mit zuckersüßem Fruchtfleisch. Der Weg nach Dehrenberg hatte sich gelohnt. Wir waren diese Straße, diese eine Straße voller Bewunderung für die schönsten Seiten des Weserberglandes langsam bis ganz zum Ende gefahren, wo unser Ziel sich befand: im Herzen der Hummetalgemeinde Aerzen. Wir kamen nicht auf blauen Dunst, sondern hatten in der Tageszeitung eine Kleinanzeige gelesen: „Kirschen zu verkaufen." Ich weiß nicht mehr, zu welchem Preis, es war jedenfalls spottbillig. Dem Dehrenbergschen Kirschenkenner ging es aber auch nicht um die paar Euro. Es ging ihm, wie es vielen Gärtnern geht, deren Herz blutet, wenn die Früchte ihres Erfolges zu viele sind und sie sie nicht selber nutzen können. Es ist ein furchtbares Gefühl, Obst umkommen zu lassen, weil die Lagerkapazitäten nicht ausreichen und das 156. Glas Marmelade im überquellenden Kellerregal auch keinen Sinn mehr macht.

Ich kenne das. Ich nutze etwa 90 Prozent dessen, was an Büschen und Bäumen sich als Obst zu erkennen gibt. Ein Zehntel bleibt drauf für den Amselmann „Weißfleck" und dessen nimmersatte Familie. Die Vögel freuen sich, aber alles andere wird zu Marmeladen, Gelees und Chutneys verarbeitet, findet frisch Verwendung oder landet entsteint und entrappt in der Tiefkühltruhe.

*Das letzte Glas „Rudis Vanillekirsche" wird
aufbewahrt wie ein edler Wein.*

Dieses Gefühl, etwas verderben zu lassen, was einem im
Winter als fruchtig-sommerlicher Gruß vom Brötchen
lacht, halte ich nicht aus. Das habe ich früh schon gelernt,
damals in den siebziger Jahren, nicht weit von Rudi aus
Dehrenberg entfernt, in Königsförde am Beberbach. Wenn
über dem Lüningsberg ein Sommergewitter dräute und
dunkle Wolken sich aufstauten, erntete ich schnell und
schneller, brachte Johannis- und Stachelbeeren vor den Un-
bilden über meiner kleinen, großen Welt unter dem
Schauer in Sicherheit. Dort saß ich dann mit meinem Vater
an einem Tisch und pflückte Traube für Traube vom Grün,

bis ich keine Lust mehr hatte auf die Puzzlearbeit und mein Vater alleine weitermachen musste. Heute halte ich länger durch, denn ich weiß jetzt noch viel mehr den Luxus zu schätzen, aus dem eigenen Garten nicht nur Freude, sondern Früchte zu ernten.

Die Frage, welche Früchte man ernten will, hängt entscheidend vom eigenen Geschmack ab. Es macht wenig Sinn, zehn Sträucher roter Johannisbeeren zu haben, weil die in guten Jahren bis zu 40 Kilogramm Vitaminbomben bringen. Auch Stachelbeeren können gnadenlos sein. Die Sorte 'Resistenta' etwa trägt neben ihrem unrühmlichen Namen – 'Grünes Gold' oder 'Schmackofatz' würden ihr besser stehen – auch in jedem Jahr eine Ernte, die ihre Zweige bis auf den Boden hängen lässt. Wenn ich das erste Kilogramm gepflückt und entrappt habe, um daraus eine Marmelade zu kochen oder ein Chutney, dann gehe ich ein zweites Mal hin und ernte wieder. Am nächsten oder übernächsten Tag, wenn ich mir sicher bin, schon alle Ästlein zweimal durchgearbeitet zu haben, stelle ich fest, dass immer noch beerig was los ist in diesem Wunderbusch. Es ist, als wenn die Früchte über Nacht neu gewachsen wären und mir die holde Dame Resistenta eine Freude machen möchte. Das tut sie damit ohne Zweifel.

Ein zweiter oder gar dritter Strauch dieser Sorte wäre aber kaum zu ertragen. Nein, es ist wie immer auch hier die gesunde Mischung von allem, die mir sinnvoll erscheint. Zwei Apfelbäume, eine Himbeerhecke, Johannisbeeren, dann noch etwas Exotisches wie etwa eine Nashibirne und eine

'Resistenta' – der Vorteil liegt darin, dass die verschiedenen Obstsorten zu unterschiedlichen Zeitpunkten reif sind und die Ernte sich auf diese Weise deutlich entzerrt. Außerdem erhöhen sich mit jeder neuen Art die Möglichkeiten, eine Cuvée zu schaffen, die als Kompott oder Brotaufstrich sich deutlich von der Massenware im Supermarktregal abhebt.

Ist es nicht herrlich, wenn das ganze Haus nach Marmelade duftet und wenn man den kleinen Rest im Topf, den der Löffel nicht erfasst hat – und Gott weiß, ich lasse diesem kleinen Rest manchmal Raum zur Entfaltung –, noch warm mit dem Finger aus dem Topf streicht? Später dann, wenn das Eingekochte sich abkühlt, knacken die Deckel der Gläser und setzen auf diese Weise einen unüberhörbaren Schlusspunkt für ein herzerfüllendes Erlebnis, das im kunstvoll verzierten Etikett und der Namensfindung für das, was im Glas gelandet ist, seine Vollendung findet.

„Rudis Vanillekirsche" habe ich die Marmelade getauft, die aus den saftigen Dehrenberger Kirschen wurde. Köstlicheren Brotaufstrich habe ich selten gegessen. Nun ist noch ein einziges Glas im Kellerregal davon übrig, gesäumt von „Banana Jo" und „LavendelBeere" ohne Zwischenraum mit großem B mittendrin, wie man das im Neudeutschen eben lax handhabt. Seitdem ich weiß, dass Rudi im Schweinehimmel vielleicht nach Trüffeln sucht, hüte ich das letzte Glas wie einen edlen Burgunder-Wein. Ich halte es immer mal wieder in den Händen, schaue mir das Etikett an und denke an den Namensgeber.

20

… ein Naturprodukt vom Spülsaum der See wird zum Hüter kostbaren Nasses …

Das Meer spricht tausend Sprachen. Jeden Tag kommt und geht der Atlantik. Seine Wellen zerschellen an der zerklüfteten Küstenlinie der Bretagne. Sie treffen auf Granitfelsen; die Gischt malt immer neue Bilder in diese Landschaft, die an grauen Tagen so rau und unnahbar wirkt und im sommerlichen Kleid so sehr an Sanftheit gewinnt. Zwischen diesen Gesteinsformationen, die sich gegen die ewige Brandung standhaft erwehren, gibt es helle, feine Sandstrände, die als Vorgarten der See eine reichhaltige Fülle bieten. Die wenigsten Menschen wissen das Potenzial dieses Feldes zu nutzen. Sie sollen dort ja keine Kartoffeln anbauen, sondern die Augen offen halten für die Schönheiten, die die Natur zu bieten hat und die nicht mit Sixpack über engen Badeshorts oder Modelmaßen in knapp geschnittenen Bikinis sich dem Savoir-vivre des Sommers mit Haut und Haar hingeben. Vielmehr von Bedeutung – zumindest aus gärtnerischer Sicht – ist das, was sich zu Füßen der Mesdames et Messieurs und unter ihren Fußsohlen befindet: Muschelschalen.

In furchtbar spießiger und wenig kunstfertiger Art und Weise haben Tausende Menschen die Schalen früher mit

Muschelschalen vom Atlantik: Sie halten im Topfgarten
die Erde feucht und sehen auch noch gut aus.

Uhu auf Kork oder Holztafeln geklebt, um damit den psychedelisch-bunten Tapeten der siebziger Jahre noch die Krönung an Wahnsinn zu verpassen. Diese Zeiten sind vorbei; der negative Nachklang ist aber bis heute geblieben. Zu Unrecht wird das Muschelschalensammeln im Hinblick auf die Dekoration für Haus, Garten und Terrasse als Inbegriff des trostlosen Umherschweifens im nicht versiegenden Quell spießbürgerlicher Ideenlosigkeit verunglimpft.

Denn das Ernten auf des Meeres Randstreifen, das Abmuscheln in vielfältigster Art und Weise, ist weder Ausdruck von Ideenlosigkeit noch einzig dem dekorativen Zwecke gebunden. Als ich damit begonnen hatte, bei Strandspaziergängen dem Suchen und Finden zu frönen, war mir noch nicht klar, welche große Bedeutung die Reste der Früchte des Meeres bei der Anzucht und Pflege von Pflanzen haben können. Zunächst fing ich nur an, der Schönheit dieser Gebilde wegen zu sammeln. Große, kleine, weiße, beigefarbene Geschenke, ausrangiert von Poseidon, an die Grenzen seines Reiches verwiesen. Er konnte damit nichts mehr anfangen, die Möwen hatten sich schon an den Innereien gelabt. Was übrig geblieben war, brachte die Brandung in Wellen aus Perlmutt mit. Je stärker sie war, je fordernder die Winde seewärts gegen das Land bliesen, desto größer fielen die Erträge aus, was einer gewissen Logik nicht entbehrt.

Seitdem hoffe ich in jedem Sommerurlaub an der See auf wenigstens zwei stürmische Tage. Es schickt sich natürlich nicht, Strandabschnitte stundenlang gierig zu sieben. Hier ist es wie beim Gärtnern zu Hause: Der Respekt vor der Natur darf niemals untergraben werden. Wer durch schönste botanische Gärten schreitet, hat nicht das Recht, Hunderte Samenkapseln von Mohn, Rittersporn, Fingerhut oder Akelei mitgehen zu lassen, was ohnehin garantiert nicht zur Sortenreinheit führt. Ein kleines bisschen, ein einziges Käpselchen, das sich noch dazu keck in den Weg biegt, ist erlaubt, wohingegen das gierige Abschreiten und das niederträchtige Verlassen der Wege in hintere Bereiche meisterlich bepflanzter Beete nichts weniger als verboten und überdies unverschämt ist.

Muschelschalen zu sammeln, das war und ist zunächst einmal der bescheidene Versuch, ein Stückchen Urlaubsfreude mitzunehmen in den Alltag. Das Meer in den Garten holen. Die Gischten sprühen sehen zwischen Blütenflor und Kräutergrün, im Steingarten und auf dem Balkon. Unzählige Menschen erfreuen sich Jahr für Jahr an ihren Strandfunden. Platte Tellmuscheln, nicht gerade die Krönung der Muschelei, machen glücklich. Die Herzmuschelschalen mit ihren kräftigen Rippen, von wolkenweiß über gelb und bläulich bis grau meliert, überall am Atlantik und auch an Nord- und Ostsee zu finden, machen noch viel glücklicher, weil sie wunderschön sind. Die Bunte Kammmuschel ist schließlich eine Offenbarung: Besser geht's nicht, denn häufig kommt sie nicht vor. All diese Funde sehen gut aus. Aber das allein ist nicht entscheidend, sondern es ist tatsächlich Fakt, dass Muschelschalen an vollsonnigen Plätzen vor allem im Terrassen- und Topfgarten eine wertvolle Aufgabe übernehmen: Sie schützen vor zu schnellem Austrocknen des Erdreichs.

Es ist nicht notwendig, die Angelegenheit akademisch anzugehen. Um Beweise herbeizuführen, reicht alltägliche Praxis. Ein paar Pötte mit Geranien, Männertreu oder Tomatenpflanzen, die unbedingt zur Südseite stehen wollen und daher an heißen Sommertagen Wasser mehr saufen denn trinken, werden ohne maritimen Zusatz, nur mit blanker Erde versehen, platziert. In anderen Gefäßen hingegen verteilt man Muschelschalen rund um die Pflanzen, sodass der Boden bedeckt ist. Das Aha-Erlebnis wird nicht lange auf sich warten lassen. An Tagen, an denen die Quecksilbersäule locker über die 35-Grad-Marke steigt, weil nicht nur die Sonne vom Himmel herabbrennt, sondern die Hitze auch von Fliesen, Steinen und Wänden rückstrahlt, wird die Erde in den Töpfen ohne Muschelschalen am späten Nachmittag trocken, vielleicht sogar rissig sein, hingegen in den Gefäßen mit ozeanischem Beifang eine spürbare Restfeuchte geblieben ist. Die gewölbten Muschelschalen haben dafür gesorgt, dass das Wasser, das richtigerweise schon morgens zur Bewässerung der Sommerpflanzen ausgebracht wurde, nicht vollkommen verdunstet ist. Die Erde unter Poseidons Geschenken bleibt feucht, aber nicht nass. Folgerichtig kann die Pflanze das Wasser besser nutzen und benötigt auch nicht mehr so viel davon.

Es ist wie eine poetische Fantasterei, dass ein Naturprodukt vom Spülsaum der See zum Hüter kostbaren Nasses wird. Große Muscheln sind natürlich praktischer. An der Ostsee sind sie weniger häufig zu finden, und selbst an der deutschen Nordseeküste erreichen die größten Herzmuscheln kaum sechs Zentimeter Durchmesser. Trotzdem gut. Und noch etwas macht sie wertvoll. Mit der Öffnung nach oben werden sie an heißen Tagen zu Vogeltränken, die groß genug sind, den Durst von Amseln, Finken, Meisen und vielen weiteren durstigen Gartenbewohnern zu stillen, die aber nicht groß genug sind, um eine Gefahr für flügge werdende Jungvögel zu sein. Es ist schon viel zu oft geschehen, dass die Jungen, noch ungelenk in ihrem Bewegungsdrang und nach den ersten Flugversuchen, in gut gemeinten Brunnen und Bassins ertrunken sind.

Noch zusätzlich sorgen Muschelschalen – wie Blumen – dafür, dass man sich erinnert an fröhliche Stunden, denn neben dem dekorativen und dem praktischen Wert sind sie wie kaum ein anderes Naturprodukt in der Lage, ein Stück der heilen Welt des Sommerurlaubs zu Hause im eigenen Garten zu integrieren. Wenn ich sie ansehe, in die Hand nehme oder Wasser über sie gieße, höre ich von weit entfernt die Wellen rauschen.

… weil nichts dagegen spräche, die Petunien und Geranien, die Buchse und Betontröge, gegen die federleichte Heiterkeit der unkontrollierten Selbstaussaat von Stockrosen einzutauschen …

Die weißen, wabbeligen Plastikstühle haben schon bessere Tage erlebt. Die alten Sinalco-Sonnenschirme, ausgeblichen wie eine Jeanshose nach einhundert Wäschen, passen aber gut dazu. Man sitzt. Nicht gemütlich, aber an heißen Julitagen mit jedem Kaltgetränk gemütlicher. Kein schöner Garten, möchte man meinen. Vielleicht noch nicht einmal ein Garten, eher der misslungene Versuch einer gemütlichen Terrasse mit Blick zur Straße, auf der die Mofafahrer mit ihren knatternden Kisten ein blaues Rauchband durch die Ortschaft ziehen, das in windstillen Sommerstunden nicht weiß, wie es verschwinden soll.

Welch ein schöner Ort!

Es gibt Wintertage, eiskalte, mausiglausige, depressionsgraue Wintertage, an denen ich mich nach dieser Terrasse sehne wie ein Schuljunge nach den Sommerferien. Ich schaue aus dem Fenster und bin doch ganz in mich versunken. Ich sehe keinen grauen Restschnee mehr, keine

Um Stockrosen muss man sich nicht bemühen: Sie säen sich von Jahr zu Jahr selber aus und variieren dann mit ihren Farben.

frierenden Amseln und kein traurig-gilbendes Tannengrün. Ich bin ganz woanders. Ich spüre den kühlen Kies unter meinen nackten Füßen und höre das Plätschern des Brunnens, der ganz in der Nähe unter den großen Platanen vor dem Rathaus ein Quell der Freude ist. Ich weiß, wie ich mich mit geschlossenen Augen auf den Duft der Engelstrompeten einlassen kann, die am Nachmittag erste olfaktorische Proben aus dem öffentlich gepflegten Grün zu dieser privat bewirtschafteten Kneipenterrasse hinüberschicken, wenn ihnen denn kein Mofafahrer dabei in die Quere kommt. Ich weiß ganz genau, wie es ist, wenn „Playboy", der Hund des Hauses, ein Boxer, plötzlich um die Ecke biegt, mich mit seiner kalten, feuchten Schnauze anstupst und sich kraulen lässt. Dann sabbert er zwar noch mehr, aber ich bin gierig nach diesen Augenblicken, von denen es Tausende gibt, einer schöner als der andere, und alle purzeln sie auf diesem vielleicht 15 Quadratmeter kleinen gesegneten Fleckchen heile Welt aus heiterem Himmel einher wie nektarbadende Hummeln aus den Blüten der Stockrosen, den einzigen Pflanzen, die es – neben Löwenzahn und Giersch, die sich aus dem Kies hervorquälen – dort gibt. Ja, ganz bestimmt sind es die Stockrosen, die diesen lichten Ort der Einfachheit zu einem Garten werden lassen. Mal sind sie mehr rot, dann mehr rosa; die Farben wechseln von Sommer zu Sommer.

Es ist vollkommen fantastisch, wie Stockrosen einen weitestgehend schmucklosen Platz wie diesen zu einem Garten verzaubern können. An ihren langen Ähren, teils über drei Meter hoch, bringen sie Hunderte Blüten hervor, in denen Hummeln und Bienen im Spätfrühling ihre Götterspeise und im Frühherbst ihre letzte Ruhe finden. Diese Stockrosen, die ich meine, sind nicht einmal edler Herkunft. Keine aus der berühmten 'Chaters-Double'-Serie mit gefüllten Blüten, keine 'Majorette Mixed' mit halbgefülltem Flor in edlem Violettblau; nur die einfachen Alcea rosea sind es, die neben den Sonnenschirmen mit der Blubberbrauseaufschrift Jahr für Jahr in die Höhe ragen, mal dunkelrosa, mal etwas heller, doch immer kunstvoll sich im Winde wiegend, so als wenn sie winken würden, wem auch immer, vielleicht ja auch den Mofafahrern mit ihren blauen Dünsten.

Nichts, rein gar nichts muss die Wirtin tun, deren Terrasse diese Wunderblumen mit ihrem Mix aus Charme und Fröhlichkeit ausmalen. Sie wartet geduldig bis zum Herbst, lässt die verblühten Strunke stehen, die tausendfach ihre Saat versprühen. Zweijährige Pflanzen? Botanisch ist das einwandfrei zu bejahen, aber was zählt schon die Wissenschaft gegen das Wunder des Selbsterhaltes? Und so zieren sich die Stockrosen nicht im Mindesten, ihren Nachwuchs dauerhaft in ihrer Umgebung unterzubringen, weil der Same – und sei es auch noch so ein Einsame – keimt und wächst. Manchmal reicht ihm eine elend trockene Mauerritze an einer Hauswand, mit ein paar Krümeln Erde unter seinen Würzelchen, oder er schraubt sich als forscher Jüngling aus einem Erde-Kies-Gemisch heraus.

Ach, wären doch alle Bar-Terrassen so wie diese. Man müsste sich nicht über langweilige Buchsbäumchen in hässlichen Plastiktöpfen ärgern, die darbend nach einem Schluck Wasser und den viel zu engen Schuhen ihren Wachstumsprozess gegen einen Überlebenskampf eingetauscht haben, den sie auf Dauer doch verlieren werden. Würden Kneipiers endlich begreifen, dass Petunien und Geranien nur schön blühen, solange ihr vergangener Flor auch ausgeputzt wird. Es möge Gastronomen, die in der Lage sind, ein Rumpsteak à point zu bereiten – manchen soll es ja wohl schon gelungen sein –, über Nacht die Erleuchtung kommen, dass ein rein zufällig mit Blumen geschmückter Biergarten bekömmlicher ist, als einer mit vertrocknetem Gestrüpp in schmucklosen Waschbetontrögen. Man säße auch länger, äße und tränke mehr, was dem Budget des Wirtes nur zugutekäme. Aber so?

Es spräche nichts dagegen, die Petunien und Geranien, die Buchse und Betontröge, gegen die federleichte Heiterkeit der unkontrollierten Selbstaussaat von Stockrosen einzutauschen. Nichts ist schlimmer als gewolltes Flair, das nicht gekonnt ist. Hinfort mit dem Dunst der spießig-pelargonischen Verblümtheit. Wer sein Augenmerk zwecks Umsatzes aufs Bierzapfen und Steakbraten, aufs Kartoffelschälen und Salatdressen zu richten hat, muss nicht den grünen Daumen bemühen, den er sowieso nicht hat. Ich wage nicht anzuzweifeln, dass der gute Wille fehlt, aber der reicht eben nicht aus, um langfristig Blütenkelche erstrahlen zu lassen, in deren buntem Lichte die Humpen gehoben werden. Nein, dann lieber einfache Stockrosen, halb gefüllte Stockrosen und vielleicht sogar gefüllte Stockrosen!

Volle Suhle: Hummeln fühlen sich in den großen
Blüten der Stockrosen wohl.

Das ist nur eine Möglichkeit von vielen, die sich aus dieser Art eleganter Gartenfaulheit ergibt. Immerhin weiß die Rote Spornblume sich ebenso konstant ihren Platz zu behaupten, ohne dass irgendjemand Hand nach der allerersten Aussaat anlegen würde. Die wächst und wächst, aus minimalen Steinspalten genauso hübsch wie im fetten Substrat. Dabei erhält sie ihren Blütenflor vom Juni bis in den September hinein. Als Sorte 'Albus' ist die Rote Spornblume auch noch weiß! Ich denke darüber nach, beim nächsten Besuch auf der Mofa umsausten Alcea-Terrasse zwischen Hauptgang und Dessert an gesegneter Stelle ein paar Körnchen zu verteilen, um daran anschließend eine wissenschaftliche Ausarbeitung zu beginnen, die einen kausalen Zusammenhang zwischen Blütenflair und Umsatz beweist und mir im Namen der Stockrose und Roten Spornblume, die auch weiß sein kann, den Ehrendoktortitel einer Universität einbringt.

„Möchten der Herr Doktor noch ein Glas Wein?"

„Nein, ich bevorzuge Champagner. Auf der Terrasse, bitte."

Die Erinnerung an dieses Oeuvre jener konstant zufällig blühenden Terrasse liegt mir wie Balsam auf der Seele. Es ist keine Kunst, aus einem wenig ansprechenden Ort einen wunderhübschen Platz werden zu lassen. Es muss kein tristes Einerlei überwiegen, nur weil sich nichts in einem rührt, den Unterschied zwischen Rose und Stockrose anzuerkennen. Wer mit Hingabe ein paar Samenkörnchen ausbringt, die zu treuen Dauerpflanzen werden, ohne den Platz und die Pflege einer winterharten Staude zu beanspruchen, liegt nicht falsch. Mit derselben Liebe, mit denen man sie einst säte, werden sie irgendeinem Montagmorgen erste Farbkleckse ins graue Antlitz pinseln.

… dass dieses Wesen der Nelken wirklich himmlisch ist, sollte jetzt aber nicht falsch verstanden werden …

Wenn es zu ihrem Vorteil gereicht, dass ich eine Lanze für sie breche, hier und jetzt für immerdar, dann will ich dieses gerne tun. Ihr Image als Sargpflanze hat die Nelke nämlich nicht verdient. Rote Rosen wurden auch schon auf allerlei Särgen drapiert und haben ihr Ansehen als Symbol für innige Liebe dennoch nicht verloren. Kein Mensch denkt bei roten Rosen an Beisetzungen, sondern an Verführung und all das, was an heißem Herzen sich schubbert. Aber gegenüber Nelken, noch bei weißen besonders, hat sich innerhalb einiger Jahrzehnte eine geradezu widerborstige Abneigung entwickelt, die in keinster Weise zu begründen ist.

Zu ergründen schon. Denn dass Dianthus dauerhaft dem Tode geweiht und als Häufchen elendiger Schnittblumen in Friedhofskapellen aufgebahrt wird, ist augenscheinlich nicht logisch, wenn man sich das sonnige Gemüt der zierlichen Gewächse näher betrachtet. In Steingärten, aus schlichtem Kies aufschäumend, als auch in der staubtrockenen Rabatte in Kombination mit niedrig wachsenden Stauden lassen Nelken florale Idealvorstellungen wahr werden. Sie vereinen eine Vielzahl unterschiedlicher Blütenköpfe mit teils grünem, teils silbergrau schimmerndem Laub. Und anspruchslos sind sie, so anspruchslos, dass man

ihr Gebaren als Pflanzenbeauté inmitten eines reich be-
stückten Beetes kaum vernehmen möchte, scheint mir.

Da freue ich mich beim Anblick der scharlachrot blühenden Sorte 'Leuchtfunk' im Steinbeet am Hang doch umso
mehr über das stete Understatement dieser Blume, das in
Kombination mit den nicht müde werdenden Kritikern, die
beim Nelken-Pflanzen bereits den Sensenmann ans Gar-
tentörchen klopfen hören, endlich für eine Umkehr sorgt.
Denn tatsächlich versuchen immer mehr gärtnernde Menschen, auch solche von hohem Rang, die weltbekannte Parks
mit zauberhaften Ideen verzücken, Dianthus in ein bunt ge-
mixtes Gesamtwerk einzubinden. Dass dies wirklich himmlisch ist, sollte jetzt aber nicht falsch verstanden werden.

Federnelken sind die schönsten von allen. Es gibt da kein
Vertun. Zweifarbig und gefüllt sehen die Blüten aus wie
Sonntagsrüschenröcke chilenischer Kartoffelbäuerinnen.
Der Saum ist von anderer, zierlicher Couleur gestrickt. Sie
bilden im Laufe des Sommers ein dicht blühendes Polster
aus blassgrünen Blättern. Manche Sorten wie 'Doris' oder
'Anthony' duften, andere sehen einfach nur dufte aus. Die
Pfingst-Nelke steht dieser Anmut im Grunde genommen
in nichts nach, blüht reichhaltig, aber nicht gar so spektakulär und ähnelt einer Federnelke en miniature. Was mich
außerdem begeistert, ist die anspruchslose Eleganz, die die
schlichten Arten Dianthus deltoides und Dianthus knappii
begleitet. Sie bilden dicht bebüschelte, grüne bis graugrüne
Matten mit weißen ('Albus'), rosafarbenen, roten und auch
zitronengelben Blüten.

Federnelken, zart koloriert: Anstatt sie als Grabschmuck zu verwenden, sollte man ihnen einen Platz unter den Lebenden geben – im Garten auf durchlässigem Boden.

Ich kann mir einfach nicht vorstellen, Nelken einzig als buntes Begleitgewächs tiefster Traurigkeit zu akzeptieren. In ihrem Wesen tragen sie weit mehr Fröhlichkeit als Tristesse. Wenn diese Fröhlichkeit ein Argument sein soll, sie auch hin und wieder als Sargschmuck einzusetzen oder sie auf Friedhofsgräbern zu platzieren, soll's gerne so sein. Bis dahin aber dürfen sie in den Beeten wachsen und gedeihen.

23

… spiel, was da nicht steht …

Das Glück wälzt sich nicht aufdringlich zu unseren Füßen, sondern nimmt erst dann Gestalt an, wenn wir ersuchen, es zu entdecken. Manchmal ist es eingehüllt in den abendlichen Duft der Engelstrompeten und des Berg-Tabaks, manchmal schwebt es als weiße Wolke am azurblauen Himmel über uns hinweg und verheißt einen sonnigen Tag. Dann wieder suhlt es sich in einer Dahlienblüte, wo ich es habe aufspüren können. Die Knollen lagen schon seit Februar bereit, gewissermaßen als Schlüssel zu dieser farbigen Freude, wurden ab April vorgetrieben, um schließlich nach den Eisheiligen ausgepflanzt zu werden.

'Procyon' heißt die Dahlie. Wer ihr den Namen gab, hatte kein glückliches Händchen; jedenfalls erschließt sich mir die Logik nicht, weil Procyon wissenschaftlich für die Gattung des Waschbären steht und andererseits die alternative Schreibweise des Sterns Prokyon ist. Zum Stern lässt sich wenig sagen, ich war noch nicht dort, wohl aber zum Waschbären, und der trägt niemals solch ein leuchtendes Fell. Es ist aber auch vollkommen egal, wie die Dahlie heißt. Ihr Kleid ist entscheidend, dieser Flor, der lichterloh

Die Grenzen zwischen progressiver Bepflanzung fließend halten:
Mit Borretsch im Staudenbeet gelingt dies wirkungsvoll.

zu brennen dünkt und dessen Farbverlauf von innen her aus fröhlichem Sonnengelb in Glutorange übergeht. Er erinnert an fließende heiße Lava nach einem Vulkanausbruch.

Feuer, Lava – und Eis! Im selben Topf hat sich eine vornehm lilaweiße Semikaktusdahlie entfaltet, deren Knollen in derselben Tüte enthalten waren, die in den letzten winterlichen Tagen im Verkaufsregal gelegen hatte. Eine namenlose Schöne. Pures Glück. Dass die beiden Farbtöne nicht zueinander passen, spielt keine Rolle. Müssen sie nicht. Es ist ja nicht allein die Optik, sondern die Geschichte, die dahinter steckt. Diese Dahlien haben sich gesucht und gefunden, ziehen sich gegensätzlich an. Das funktioniert selbst in der Liebe, warum sollte es also nicht auch in einem Blumentopf so sein?

Ich denke gerne daran zurück, wie ich an einem warmen Septembertag im Garten von Great Dixter gestanden habe, jenem paradiesischen Stück Erde in der südenglischen Grafschaft East Sussex, in dem ein großartiger Mann namens Christopher Lloyd bis ins hohe Alter gewirkt hatte. Sprachlos stand ich vor den üppig überschwappenden Staudenbeeten, geblendet von den Farben, fast gelähmt von der Vielfalt, deren Magie sich nicht nur, aber eben doch auch im scheinbar Gegensätzlichen fängt. Die Gärtner von Great Dixter sind Künstler der Flora und pflegen in guter Tradition das Erbe des Christopher Lloyd, und das bedeutet, im Gesamtkunstwerk Platz zu lassen für überraschende Wendungen.

Die Erkenntnis daraus ist denkbar einfach: Es ist zwingend erforderlich, nicht blind nach Lehrbuch und Fachliteratur zu gärtnern, sondern nach Gefühl und mit Freuden. In einem Garten verhält es sich wie mit der Musik, auch sie lebt nicht allein von der Komposition, sondern von Variationen und Visionen, vom Mut, es nicht allen recht zu machen. Im übertragenen Sinn gilt für Gärtner deshalb die Devise des Jazzmusikers Miles Davis: „Du sollst nicht spielen, was da steht, sondern du sollst spielen, was da nicht steht."

Spielen, was da nicht steht …? Das bedeutet, die Grenzen fließend zu gestalten und sie nicht mehr als Grenzen wahrzunehmen. Gemüse und Kräuter sollten also nicht in Reih und Glied alleine dem Nutzgarten dienlich sein, sondern dürfen, ja müssen sogar unbedingt im Staudenbeet aus Gründen größtmöglichen Genusses ihren Platz erhalten! Vom Geschmack, den Vitaminen und ätherischen Ölen, die sich in Blättern und Blüten befinden, einmal abgesehen, ist der Augenschmaus genauso hoch einzuschätzen und gut für Herz und die Seele.

Die sternenförmigen Blüten des Borretschs in Weiß oder Blau schaffen in frühsommerlicher Abenddämmerung zwischen Katzenminze, Akelei und Lupine ein erdennahes Firmament, das den Anblick auf den kleinen Wagen oder großen Bären übertrifft. Diese Sterne kann man wenigstens pflücken. Die bepelzten, fast ein wenig stacheligen Blätter und Stängel, die sie krönen, schaffen in unterschiedlichen Lichtstimmungen den lieben langen

Tag lang hübscheste Kontraste – das Gurkengemüse macht seiner Art als Raublattgewächs also alle Ehre. Und es schmeckt vorzüglich. Man zupft sich ein paar Blüten und garniert damit grüne Salate. Oder man schneidet sich Blätter und gießt einen Tee auf. Muss man mögen, erinnert an Gurke, ist aber möglich.

Überhaupt gibt es hervorragende Beispiele, den dekorativen Wert von Gemüsen und Kräutern zu untermauern. Mit Pflück- und Feld-, Eisberg- und Kopfsalaten lässt sich sogar der Topfgarten weidlich aufpeppen. Geranien, Petunien und Männertreu mögen hübsch sich in Schale werfen, aber das Bild der eifrig blühenden Blumenfavoriten für Kasten und Kübel kennen wir alle zur Genüge. Soll auch weiterhin so sein, und doch sorgen in diesem Crescendo der guten Laune dann vor allem die „Ausreißer", die Exoten, die eine neue Optik verschaffen, für besondere Beachtung. Wenn die Salatköpfe in Bälde groß und leuchtend in Grün oder Lollo-Rosso-Rot aus Balkonkästen von Etagenwohnungen lachen, ist das doch ein zuckersüßes Bild, nicht wahr? Zumal weit von den Schnecken entfernt. Die haben keine Chance und Salat bleibt Salat.

Zurück ins Beet. Der Mangold steht wie 'ne Eins. Er wird noch größer, das ist klar. Gesäumt vom Lavendel und im Angesicht der sich langsam aufbauenden Fackellilie führt er ein Dasein zwischen Himmel und Hölle. Höllisch wäre es, ihn zu früh zu ernten, weil's dann schnell vorbei ist mit seiner Schönheit. Himmlisch wäre es, wenn er stehen bliebe, solange er das Beet mit seinen rot über orange bis gelb leuchtenden Stielen ausmalen kann und dann trotzdem noch schmeckt.

Die Suche nach dem perfekten Erntetag ist eine Gratwanderung. Das gilt gemeinhin für viele Pflanzen, die nicht nur mit der Schönheit wuchern, sondern auch mit ihrem Geschmack. Ringelblumen zum Beispiel. Eine Blüte vor ihrem Zenit zu ernten, will – obschon sie mundet – irgendwie trotzdem nicht schmecken. Im Meer des blühenden Ysops will der Scherenschnitt auch nicht recht von der Hand gehen, dabei sind es doch vor allem seine Blüten, die einem Magentee den nötigen Schub geben. Und erst das „Problem" mit dem Amarant: Es sind seine jungen Blätter, die wie Spinat verwendet werden können. Aber wer wollte ihm das zarte Laub stehlen vor dem Hintergrund, dass er einige Wochen später mit prächtigen Farben zwischen Violett und Rot und Gelb doch so zauberhaft aussieht …?

Vielleicht bietet hier die Echte Engelwurz noch die beste Möglichkeit, Geschmack und Optik im Einklang zu belassen. Majestätisch erhebt sich diese Heilpflanze mit zwei Metern Höhe aus Staudenbeeten und treibt genug Stiele in die Höhe, sodass einer mehr oder weniger – in diesem Fall dann ja wohl weniger – optisch nicht ins Gewicht fällt. Das mit dem Gewicht kommt erst später, wenn die kandierten Stängel süße Kuchen dekorieren.

Geschmackvoll sind aber nicht nur die klassischen Kräuter und Gemüse, die in einem Staudenbeet integriert werden können. Vollmundig präsentierten sich auch manche typischen Blütenstauden ganz von selbst, ohne dass viele Menschen davon jemals Notiz nehmen würden. Wie schade. Die Blüten von Taglilien zum Beispiel schmecken leicht süßlich. Diese Erkenntnis ist keinem leisen Beetflüstern folgend einfach so der Natur entsprungen, sondern hat sich nach vermeintlich mutigem lukullischem Erkunden experimentierfreudiger Feinschmecker manifestiert, sodass davon auch in der Fachliteratur zu lesen ist. Sogar die Knospen eignen sich zum Verzehr und können gut in Teig ausgebacken werden, wodurch sie zur bissfesten und weniger kalorienreichen Alternative zu Kartoffelchips werden.

Nun steht, und hier sehe ich ein adäquates Genussproblem, die Blütenvöllerei im krassen Gegensatz zum Augenschmaus: Je mehr Flor der Nascherei zum Opfer fällt, desto weniger bleibt zum Schauen übrig. Bei den blühfreudigen Taglilien muss man schon großen Hunger haben, um nach Raupenart Löcher in die Gesamtkomposition des Beetes zu raspeln. Bei den Indianernesseln bin ich hingegen unsicher, ob es ratsam ist, sie unbedingt dem Heißhunger auf frisches Grün zu opfern. Die Blüten eignen sich für die dekorative Ausstaffierung von Salaten, und ihre Rosenaroma tragenden Blätter können für Tee verwendet werden.

Gut, aber warum nicht gleich auf Rosen zurückgreifen? Vielleicht, weil man sich erst mal am Indianervolk gütlich tut und die Königin wieder als letzte geopfert wird? Das wäre ein fataler Fehler, denn persönlich finde ich die Indianernesseln mit ihren entzückenden Häuptern (oder sollte man sagen: Häuptlingen?) weitaus interessanter als die Rose, ziehe aber wiederum das ungekünstelte Rosenaroma dem der Nessel vor.

Es gibt also eine Menge Zierpflanzen, die ebenso im Nutzgarten eine Rolle spielen. Auch Stiefmütterchen zählen dazu. Natürlich ungespritzt, wenn's recht ist; die erste Anwendung gegen Blattläuse könnte den Geschmack nachhaltig stören. Ich halte denn auch mehr davon, lieber Ringelblumen in den Speiseplan mit aufzunehmen, nicht zuletzt ihres hohen Lutein-Gehaltes wegen, das Augenärzte und Medizinwissenschaftler für die Stärkung der Netzhaut gutheißen. Das Wort Augenschmaus findet hier eine komplett neue Bedeutung. Satt wird man davon nicht, das ist klar, aber die Ringelblume würzt Salate und sommerliche Suppen, und sei es auch nur optisch. Aussäen. Fertig. Mehr Arbeit ist nicht notwendig. Den Rest erledigen die Pflanzen selbst. Im Bauerngarten, wo früher, ganz früher, im Grunde kein Fleckchen Erde unbegrünt blieb, allein Gras verpönt war, hatten Ringelblumen jahrhundertelang ihren angestammten Platz. Doch Bauerngärten nach klassischem Vorbild, in denen die Nutz- und Zierkomponenten verschiedenster Pflanzen bestens miteinander verquickt wurden, sind selten geworden. Die Zeit, in der Calendula von Buchsbaum oder Kräutern eingefasste Bereiche vom Frühsommer bis zum Herbst ausfüllte oder selbst als grenzgebietende Einfassung eingesetzt wurde, sind weitestgehend vorüber; mit dieser beklagenswerten Tatsache verschwand nach und nach auch das Wissen über die guten Geister der Calendula, die erstens essbar und zweitens ein unverzichtbarer Bodenverbesserer ist. Die Pfahlwurzeln der nicht müde werdenden Blüher reichen tief und lockern den Boden, der auf diese Weise besser atmen kann und den weiteren Pflanzen den nötigen Sauerstoff-Austausch verschafft, der für ein gesundes Wachstum wichtig ist. Mittlerweile gibt es genügend Züchtungen, um Calendula eine Hauptrolle im Garten zukommen zu lassen. 60 Zentimeter hoch wird beispielsweise 'Geisha Girl', die gefüllte Blüten in kräftigem Orange ausbildet. Die Pacific-Beauty-Serie bringt sogar zweifarbige Blüten hervor.

Der Nachteil liegt in ihrem zarten Wesen: nicht winterhart. Ringelblumen müssen wie Tagetes (auch essbar) in jedem Frühling neu ausgesät werden. Mit Stauden verhält es sich einfacher. Und mit lieb gewonnenen Pflanzen, die den Winter im frostfreien Lager verbringen, ebenso. Fuchsienblüten sollen zum Beispiel in der heimischen Küche Verwendung finden können. Muss man ausprobieren, hört sich aber reichlich experimentell an. Auch Geranien bringen Würze ins Spiel. Ich habe das nicht ausprobiert, aber das Risiko einer Vergiftung tendiert gegen null.

Grundsätzlich empfiehlt sich dennoch der Blick in die einschlägige Fachliteratur, wenn man sich nicht sicher ist. Einer Jugendgruppe in der Großstadt Berlin wäre dies anzuraten gewesen, bevor sie sich Joints aus Engelstrompetenblüten gedreht hätte. Bei aller Dummheit darf ich behaupten, froh darüber zu sein, dass die Halbstarken ihre absonderlichen Glimmstängel nicht noch mit Eisenhut und Akelei gewürzt haben. Stante pede wäre dem Brugmansienbauchweh ein Engelsgesang gefolgt.

24

… weil das Glück sich in Flaschen abfüllen lässt – Hunderte Chilis warten jedes Jahr darauf, und dies verlangt nach einer gärtnerischen Qualität …

Das Glück in Flaschen und Gläser abzufüllen, ist eine Kunst, die die Wärme des zurückliegenden Sommers durch Herbst und Winter bis zum nächsten Frühling hinüberrettet. Marmeladen zu kreieren ist das gängigste Beispiel, aber wer Bohnen einkocht, Gurken einlegt, Kräuter trocknet, Äpfel richtig lagert oder dörrt, handelt aus denselben guten Gründen und schreitet gewiss auf dem Pfad der Tugend.

Denn fraglos ist es eine Tugend, die Früchte von Mutter Natur nicht umkommen zu lassen, selbst wenn Mütterchen nur noch eine Statistenrolle dabei spielt, weil F1-Hybriden als Werk der Züchtungsarbeit besser tragen, wie das zum Beispiel bei Tomaten oft der Fall ist. Die alten Sorten zu kultivieren – von 'Schwarze Russische' über 'Tigerella' bis 'Grünes Zebra' – ist umso höher zu bewerten, als dies nicht ohne Tücken ist und nach einer gärtnerischen Qualität verlangt, die nicht jeder imstande ist zu leisten. Wer's schafft: Chapeau!

Nun sind Tomaten ausnahmsweise kein Paradebeispiel für die Haltbarmachung. Ketchup – nun gut, aber wie viele Tomaten sind für zwei, drei Flaschen wohl notwendig?

Dann ist schon eher das Trocknen anzuraten, am besten in einem Dörrautomaten, wie man ihn auch für vielerlei anderes Obst und Gemüse verwenden kann. Tomaten in Öl einzulegen, davon halte ich wenig, weil der ureigene Geschmack überlagert und kaum noch wahrnehmbar ist. Die Kür des Gärtnerns, das Ziehen der Solanum-Pflanzen aus einem einzigen, winzigen Samenkorn bis zur Ernte, krönt man lieber im baldigen Genuss. Schmeckt am besten.

Dies gilt nicht unbedingt für den (oder die) Paprika. Hier ist zu unterscheiden zwischen der milden Gemüsevariante und den teils feuerscharfen Gewürzsorten. Als ich das erste Mal mit dieser Form des Nutzgärtnerns in Berührung kam, war mir der Nutzen gar nicht so sehr wichtig als vielmehr die Tatsache, dass rötende Chilischoten zunächst einmal vor allem eine hohe Zierde sind für Beet und Balkon. Was bescheiden begann, hat sich mittlerweile zu einem Dauerbrenner entwickelt, und das ist wörtlich zu nehmen, denn von Sorten wie 'Lemon Drop' oder 'Long Red Thin' reicht eine Messerspitze, um Schnappatmung zu bekommen.

Paprikapflanzen (Capsicum) sind robust gegen Braun- und Krautfäule. Im Gegensatz zu Tomaten ist es ein Kinderspiel, sie halbwegs unbeschadet über den Sommer zu bringen. Allein die Tatsache, dass sie zur Blütezeit wenigstens 18 Grad Celsius benötigen, um schließlich Schoten ausbilden zu können, macht den Anbau dieser Früchte vergleichsweise risikoreich. Meistens funktioniert es aber; im

Bei Chilis, ob süß oder scharf, muss man ja gute Laune bekommen.
Ihr Anbau ist im Übrigen einfach im Vergleich zu Tomaten.
Von Braun- und Krautfäule bleiben sie verschont.

Gewächshaus sowieso, denn vor Juni blühen die Selbstbestäuber ohnehin nicht.

Einige derer, die sich so gut durch den Sommer gewunden haben, stehen ab spätestens Ende Oktober – vor bitterem Frost geschützt – im Wohnzimmer. Mich stört das nicht, man stellt sich ja auch einen Tannenbaum hinein, der sicher nicht schöner ist. Und außerdem muss es sein, weil die Paprikaschoten zuweilen noch nicht vollendet sind. Ich darf sie nicht abnehmen, denn sie reifen nicht nach, wie es

Tomaten tun, oder nur sehr leidlich. Darunter ist auch meine Lieblingssorte 'Bishop's Crown', ordentlich scharf, aber noch mit fruchtigem Geschmack. Es wäre einfach zu schade, sie dem eisigen Tode zu weihen. Deshalb steht die Bischofsmütze hübsch in Zweierreihe mit weiteren Chilipflanzen an lichtem Platz vor dem großen Fenster zum Garten und blickt hinaus, dorthin, wo sie den ganzen Sommer lang gestanden hatte, vielleicht ja sogar etwas wehmütig, wer weiß.

So kehre ich zurück zu der Feststellung, das Glück in Flaschen und Gläser abzufüllen. Hunderte von Chilischoten warten jedes Jahr darauf, verwertet zu werden. Mit Ausnahme gelber Sorten wie etwa 'Yellow Long Thin' oder 'Lemon Drop', die schon nach relativ kurzer Zeit unansehnlich braun werden, können Chilis sehr gut getrocknet werden. Vorsicht: Dann erhöht sich nochmals ihr Schärfegrad! Sie können aber auch aufwendig in einem siebenmal sich wiederholenden Vorgang in Zucker getränkt und getrocknet, also kandiert werden, um als scharfsüßes Früchtchen in Schokolade gedippt als teuflisches Dessert zu enden. Oder sie finden in Soße Verwendung. Dazu werden einige Schoten geschnitten und von den Kernen befreit, in einen Topf mit Zucker, Apfel- oder Branntweinessig gegeben und aufgekocht. Ist der Sud um die Hälfte reduziert, wird er abgefüllt. Man muss lange tüfteln, bis einem diese scharfe Soße so gelingt, dass sie einem gefällt. Es hat sich bewährt, nicht die schärfsten Sorten zu verwenden. 'Lemon Drop', 'Elefantenrüssel', 'Bolivian Rainbow' – damit funktioniert's recht passabel.

Aber man muss diese Schärfe eben auch gerne mögen, sonst kann man sich die Arbeit sparen. Denn es ist nicht die Wärme eines Sommers, die hier verarbeitet wird, sondern die feurig-flammende Hitze. Die Schärfe der Capsicum-Pflanzen, hervorgerufen durch das Capsaicin, wird nach der sogenannten Scoville-Skala bemessen, die von „0" (trifft nur auf Gemüsepaprika zu) bis feurigen „10+" reicht. Ab spätestens „7" wird die Schärfe für Menschen mit empfindlichem Geschmackssinn schwierig. Bei „9" oder „10" bleibt nicht wenigen der Atem oder auch die Spucke weg. Die Scoville-Einheiten, benannt nach dem Pharmakologen Wilbur L. Scoville, sind ohne Zweifel zutreffend und trotzdem nicht mehr als ein Richtwert. Denn das Schärfeempfinden von Menschen ist höchst unterschiedlich. Außerdem ist die Schärfe fruchtiger Chilisorten wie etwa 'Bolivian Rainbow' (Schärfe 7) angenehmer als eine vergleichbare Schärfe weniger fruchtiger Sorten wie zum Beispiel 'Rawid Uganda'. Die Scoville-Werte für Chilis beziehen sich in der Regel auf getrocknete Schoten; sie liegen um etwa den Faktor zehn höher als bei frischen Schoten. Dies sollte beim Bearbeiten der feurigen Früchte – immer nur mit Handschuhen – unbedingt beachtet werden.

Nun, es ist also eben diese atemraubende Eigenschaft, die den Anbau von Gewürzpaprika so interessant macht und die sich schließlich auf den Etiketten widerspiegelt, die auf Flaschen und Gläsern angebracht werden. Namen wie „Gelbe Gefahr", „Feuerbrand", „Teufelswerk" oder „Flammenwerfer" habe ich nicht inhaltlos draufgekritzelt. Internationaler klingt „Burning Man" und „SuperBurner". Weitere Warnhinweise erübrigen sich.

Wer mehr, viel mehr Chilis als notwendig erntet und schließlich nicht mehr weiß, wie er sie verwerten soll, weil ja nicht selten schon eine Messerspitze reicht, um einem „Chili con Carne" reichlich Schärfe zu geben, kann eine seiner Soßen, Öle oder Salze, die mit zerkleinerten oder geriebenen Schoten verfeinert werden, auch „Burnout" nennen. Das entbehrt sicher nicht einer gewissen Ironie; andererseits vergesse ich ein Bild nicht, das mir aus Adana, der fünftgrößten Stadt der Türkei, zugesandt worden ist und die eigene reiche Chiliernte relativiert. Dort, in der Hitze des Südens unter dem schützenden Schatten großer Bäume sitzend, sortieren Frauen und Männer glutrote Chilischoten. Sie sitzen nicht an einem Tisch, sondern haben in einem sehr viel größeren Aktionsradius auf Stühlen und Kisten Platz genommen. Denn sie haben nicht drei, vier Kilo Schoten vor sich liegen, sondern schätzungsweise 30 bis 40! Ich war nicht dabei, aber ich kann mir bildhaft vorstellen, wie es war, diese Ernte zu säubern und zu verarbeiten. Ein Teil wird zusammengebunden und zum Trocknen aufgehängt. Ein weiterer Teil wird in Essig eingelegt und haltbar gemacht. Das Gros allerdings – und hier holten sich die Bewohner der Häuser, die sich dort im Innenhof trafen, um gemeinsam die Arbeit zu verrichten, professionelle Hilfe – war schließlich zu scharfer Paste und Pulver verarbeitet worden. Es wird gemahlen; der scharf-fruchtige Duft und die Ausdunstungen sind ohne Mund- und Augenschutz nicht zu ertragen. In Afrika werden damit Elefanten auf Distanz gehalten.

Ich habe nur dieses eine Foto erhalten aus der fernen Türkei, aber außerdem einen Humpen jener Paste, der zum Würzen aller Speisen in den kommenden zwölf Jahren reichen dürfte. Wundervoll! Damit könnte ich den Anbau eigener Gewürzpaprika im Grunde genommen ad acta legen oder ihn nur noch unter dem zierenden Gesichtspunkten vollziehen. Aber es gibt in dieser Thematik noch so viel mehr zu entdecken, das sich lohnt. Die Verbindung getrockneter oder gedörrter Chilis mit schwarzer Schokolade zum Beispiel. Oder die Schoten als Kunstobjekt für fotografische Zwecke. Der Anbau lohnt sich. Und er ist denkbar einfach. Saatgut und Pflanzen gibt es im Fachhandel zu kaufen. Wer ganz bestimmte Sorten sucht, wird auf das Internet nicht verzichten können. Außerdem helfen Bücher und einschlägige Fachliteratur. Der Rest ist säen, pikieren, umpflanzen und dauerhaft feucht, aber nicht nass halten. Im Gegensatz zum Tomatenziehen ist ein Chili-Projekt im eigenen Garten ein Kinderspiel.

25

… ein schillernden Funken kalékoischen Reichtums, der mir ein bisschen auch von Göte böte …

Ob Goethe dem kalten Hauch einer vorübergehenden Ideenlosigkeit auch anheimgefallen war? Hatte Schillers Friedrich sich nach dem Mittagessen einfach mal an seinen Tisch gesetzt, die Feder in Tinte getaucht und die Räuber zu Papier gebracht, ohne auch nur den kleinsten Zweifel daran zu hegen, dass sie jemals ein gutes Ende finden würden? Wie mag es Mascha Kaléko beim Dichten ihrer poetischen Kunstwerke ergangen sein, wenn der Duktus nicht so wollte, wie die Künstlerin ihn sich wünschte?

Von Ferne höre ich die leise Beschwerde dieser großen Dichter und Denker über die geistesblitzleeren Stunden (außer Johann Wolfgang, der hat ja laut mit der Faust auf den Tisch gehauen, woraufhin seine gleichnamige Tragödie entstanden sein soll), und so gerne ich mir einen schillernden Funken des kalékoischen Reichtums wünschte, der mir ein bisschen auch von Göte böte, kann ich verstehen, wie entwaffnend es sein muss, keinen klaren Gedanken fassen zu können, der das wunderbar Lyrische, das uns im Kontext unseres Alltags zwischen Kartoffelreihe und Himbeerhecke unentdeckt begleitet, schwarz auf weiß zum Ausdruck bringt. Leider erhebt sich aus blumigen Worten zu oft nur eine Stilblüte.

Es verdichten sich die Hinweise darauf, dass die Dichtung nicht allein eine Herzensangelegenheit ist, sondern auch etwas mit Sprache zu tun hat. Die Kunst ist also keine, solange die Worte zu pomadig gewählt werden, solange sie triefen, wie die fettigen Fish'n'Chips, die man nach dem Besuch von Great Dixter Garden im englischen Sussex braucht, um von den hohen Sphären erhabenster Blütengrazie wieder in die Realität zurückzugelangen, um nicht Gefahr zu laufen, vor Wonne verrückt zu werden.

An einem schwülheißen Juliabend, es ist schon einige Jahre her und doch liegt's mir im Sinn, als wenn es gestern sich zugetragen hätte, saß ich auf einer Treppe in der Hoffnung, die Restkühle des Steins möge mir zur Erfrischung dienen. Ich hieß einen zerfledderten Block und einen stumpfen Bleistift an meiner Seite willkommen und wartete auf eine Eingebung für ein Gedicht, dem reichen Blütensegen der Engelstrompete zugewandt. Kaum ein Parfum ist im goldenen Licht der sommerlichen Abendsonne präziser zu vernehmen wie ihres. Es huscht durch Straßen und um Häuser herum, es wälzt sich auf verbrannten Grasflächen und verfängt sich im grünen Mantel von Thuja und Kirschlorbeer, von wo es sich erst früh am Morgen leise mit dem ersten Sonnenstrahl verflüchtigt. Das Bouquet weißer Blüten erinnert an frische Wäsche, der Wohlgeruch rosafarbener Trichter an Litschi und Kiwi, während die buttergelben Kelche dem schweren, süßlichen Aroma reifer Mangos gleichen. Dieser Hochgenuss verwandelt den Garten allabendlich in eine Traumwelt und ist der Lohn für die ganze Plackerei des Gießens, Düngens und Schleppens.

Denn Engelstrompeten brauchen Wasser, viel Wasser, noch mehr Wasser und noch mehr Wasser, weil sie über ihre großen Blätter eine Menge davon verdunsten. Und bevor der Frost kommt, was durchaus schon in späten Septembertagen der Fall sein kann, wenn er sich als nebelhauchiger Vorbote des Winters outet, müssen sie davor in Sicherheit gebracht werden.

Also werden die schweren Gefäße an einen frostfreien Platz gestellt, der in Ermangelung eines beheizten Gewächshauses – wohl dem, der eines besitzt – über mehrere Stufen in den Keller führt. Vermutlich nimmt dieser ganze Arbeitsaufwand mehr Zeit in Anspruch als der sinnliche Schnupperkurs jemals dauert, doch ist es nicht wahrhaftig so, dass man auch in der Liebe mindestens so viel, wenn nicht gar noch mehr investieren muss, als man herausbekommen zu hoffen wagt? Wer erst damit beginnt, Aufwand und Ertrag gegeneinander aufzurechnen, hat schon verloren. Das kann er als Börsianer tun, aber doch nicht als Blumenkind.

Ich saß also da, schnappte mir meinen Block und kaute ein paar Minuten auf dem Bleistift herum, der aber nicht schmecken wollte. Ich sah, wie eine Steinhummel in einer weißen Blüte verschwand und hörte ihr wohliges Summen, das die abendliche Stille des Augenblicks wie Sahne das Erdbeereis krönte. Erdbeereis, ja, daraus müsste was zu machen sein. Ich kritzelte das Wort auf, sah im Augenwinkel die Hummel aus der Blüte fröhlich in den Himmel entschweben und schrieb noch „ein ganzes Glück nun in

*Engelstrompeten wollen gar nicht in der prallen Sonne stehen.
Im lichten Halbschatten fühlen sie sich viel wohler.*

Dir wohnt" auf. Keine Ahnung, warum ich das schrieb, manchmal sind es nur Wortfetzen, manchmal ganze Sätze, die einem in den Sinn kommen, wenn man auf einer Treppe sitzt und darauf wartet, dass die Welt sich einfach so weiterdreht, wie sie es gerade tut. Im besten Fall reimt sich das eine oder andere Wort auch mal auf Anhieb, aber das ist eher selten. Meistens ist es leider so, dass der moderne Sprachgebrauch wie eine unüberwindbare Hürde sich den poetischen Ergüssen in den Weg zu stellen wagt. Salopp gesagt kratzte die Steinhummel also schwungvoll die Kurve, aber das Kurvenkratzen ist im Kontext des

Verschwindens genau so unmöglich wie das Segelstreichen. Also streichen.

Und weiter. „Reich der Fantasie." Geht immer. Ich stand auf, schritt zur Engelstrompete und nahm einen ihrer langen Trichter in die Hand, um daran zu schnuppern. Tief inhalierte ich den Duft und schloss die Augen. Ich habe in all den Jahren aufgehört, die Menschen zu zählen, die mich davor warnten, den Engelstrompeten zu nahe zu kommen. Dass ihre Pflanzensäfte von toxischem Gemüte sind, ist unzweifelhaft der Fall, jedoch war manch bissige Bemerkung dieser penetrant warnenden Pessimisters und -misses giftiger als es jede Engelstrompete jemals sein kann. Und wer sich obendrein damit rühmt, dass sein Rittersporn und die Schmucklilien in hübschestem Zenit stehen, dem sei gesagt, dass diese Pflanzen auch nicht gerade für einen Sommersalat geeignet sind.

Viel Aufregung um nichts also. Ich setzte mich wieder und erfreute mich an der abendfrischen Fröhlichkeit der vier Nachtschattengewächse. Abendfrische Fröhlichkeit. Perfekt! Ich schrieb es auf, aber ich sah, dass die Pflanzen dürsteten. Ich stand auf, holte zwei Kannen Wasser. Der Trick ist, nicht nur an den Fuß zu gießen, sondern das kühle Nass auch über die Blüten und Blätter fließen zu lassen. Engelstrompeten lieben das! Sie entfalten dann einen noch viel intensiveren Duft. Allenthalben ist es sonderbar, dass ihnen in jedem noch so schlauen Fachbuch ein Platz an der Sonne beschieden wird. Ich bin fest davon überzeugt, dass ein halbschattiger Standort viel besser für sie geeignet ist, weil

Über ihre großen Blätter verdunsten die Brugmansien viel.
Deshalb sind sie auch so durstig und wollen ordentlich gegossen werden.

sie dort weniger verdunsten und dementsprechend auch weniger Wasser benötigen (aber immer noch reichlich). In der Hitze saufen sie viel zu viel und die Leuchtkraft ihrer Blüten kommt dort auch weniger zur Geltung.

Gut. Ihr Durst war gestillt. Meiner nicht. Ich holte eine Flasche Rosé aus dem Kühlschrank und ein Weinglas aus der Küche. Ich schenkte mir ein, setzte mich wieder und erfreute mich am Odeur. Eine der vier Kübelpflanzen hatte panaschierte Blätter. Literarisch nicht weiter von Bedeutung, aber ich erinnerte mich daran, wo sie herkam: aus einem reich bepflanzten öffentlichen Beet. Gott bewahre, natürlich nicht in Deutschland, wo besorgte Eltern in großer Sorge um ihren verzärtelten Nachwuchs sofort rechtliche Mittel anzusetzen drohten obsolcher Gefahren, sich in der Folge Bürgerinitiativen herausschälen würden, die zu Unterschriftenaktionen und Massendemonstrationen aufriefen. Engelstrompeten begegnet man hier mit äußerster Skepsis. Schnipp, ein kleiner Ableger zu später Stunde. Nicht die feine englische Art, aber es war ja auch in Frankreich.

Der anhaltende Duft beflügelte meine Sinne. Wie in schwebendem Zustand schrieb ich das Gedicht über die Engelstrompete, noch bevor die Mondsichel in sternenklarer Nacht auf Reise ging. Ob das Versmaß gelungen ist, darüber mögen Kritiker befinden. Kritiker, denen der Stil zu unharmonisch ist und die einen Duktus niemals mit „k" schreiben würden. Ebensolchen Linguisten ist aber womöglich nicht aufgefallen, dass das Werk „Daturas Duft" eine falsche Bezeichnung trägt, denn Datura ist der alte, längst widerlegte und ausrangierte botanische Name für die Engelstrompete, der heute nur noch für den Stechapfel (Datura metel) steht. Den betörenden Duftikus, der mich, auf der Treppe sitzend, einen Bleistift kauend und nach Worten suchend, an jenem Abend besonders verzauberte, wird seit einigen Jahrzehnten als Brugmansia bezeichnet. Das Gedicht bleibt trotzdem, wie es ist. Wenn die Verse den Literaten und Poeten nicht gefallen, dann sollen wenigstens die Historiker ihren Spaß daran haben.

Daturas Duft

Der erste Duft schwebt mühelos
In Zartrosa oder Weiß.
Olfaktorisch erste Klasse
Zwischen Fuchsien und Erdbeereis.
Mikrofaserfeiner Duft benetzt
Den Abend süß und seicht.
Auf federleichten Schwingen er
Bis in dein tiefstes Inn'res reicht.

In kilometerlangen Nervenbahnen
Daturas Geist genüsslich thront.
Sommersucht gefährlich schwebend;
Ein ganzes Glück nun in dir wohnt.

Abendfrische Fröhlichkeit entlässt
Dich aus den heißen Stunden.
Und alle deine wilden Träume
Sind nur noch an die Nacht gebunden.
Auf wattenweichen Wolken schleichst
Akut betört wie zuvor nie
Du – mild und glücklich lächelnd
Ins große Reich der Fantasie.

26

… Weißfleck, mein Gutester, genießt das schöne Leben …

Ich habe einen furchtbar treuen Freund, einer, der mich morgens und abends besucht. Was er tagsüber macht, da bin ich mir nicht sicher. Er lässt sich nicht so oft blicken, wenn die Sonne vom Himmel strahlt und das Gras verbrennt. Vielleicht ist es auch eine Folge seines unsteten Lebens, schon mit dem ersten Sonnenstrahl so laut zu singen, dass er mich damit aus meinen tiefsten Träumen weckt.

„Weißfleck, ich bringe dich um", rufe ich dann, noch eingerollt im Bett, hinaus ins Beet. Natürlich meine ich das nicht ernst. Ich würde Weißfleck, so heißt der Amselherr mit dem weißen Punkt auf dem rechten Flügelschild, niemals etwas antun. Das ist nur so ein Spruch, einer, wie man ihn unter Kerlen eben mal so sagt. Jedenfalls singt Weißfleck wie ein junger Gott.

Und Weißfleck ist ein schöner Mann. Schlank, ich glaube sogar, etwas drahtiger als andere Amselmänner, weil ein guter Hahn eben nicht fett wird. Seine Lieblingsspeise sind Würmer. Wenn er auf dem Rasen landet, dann hält er kurz inne, legt seinen Kopf quer und lauscht, was sich unter seinen Staksen so tut. Er lauscht und lauscht noch einmal, bevor er dann mit Verve ins Erdreich schnäbelt. Es dauert manchmal zwei, drei Momente, aber was er so unter der Grasnarbe hervorholt, macht mir manchmal Angst, denn es erinnert mich ab und zu an einen Horrorfilm mit dem Titel „Angriff der Monsterwürmer". Für eine weitere Verfilmung stelle ich das Terrain meines Gartens gerne zur Verfügung.

Weißfleck genießt das schöne Leben. Es gibt zwei Termine im Jahr, an denen wir zwei uns wirklich nahe sind. Ein Tag im Mai und einer im Oktober. Wenn ich den Vertikutierer aus dem Gartenschuppen hole, dann weiß Weißfleck, dass es gleich ein Sterne-Menü gibt. Ich schließe die Maschine an und spüre, wie auch er elektrisiert ist von dem Vorhaben, das Gras aufzureißen und den Boden zwei Zentimeter tief zu durchpflügen. Für den Rasenfilz und das Unkraut interessiert sich der clevere Bursche nicht. Ihm liegt die Aussicht auf einen dicken Regenwurm im Sinn. Dafür riskiert er viel. Manchmal wagt sich Weißfleck bis auf einen Meter an meine Höllenmaschine heran. „Junge, jetzt sei nicht so ungeduldig. Gleich wird aufgetischt", sage ich dann zu ihm und schiebe noch nach: „Ich wohne übrigens auch hier."

Ich habe nicht die leiseste Ahnung, ob die Nachbarn mir schon einmal länger dabei zugeschaut haben. Wenn ja, werden sie erkannt haben, dass ich für Weißfleck hin und wieder eine Pause einlege, damit er erst einmal den ersten Hunger stillen kann. Ich öffne mir dann ein Fläschchen Wein und wir prosten uns zu. Ich hebe das Glas, er den Wurm, und es wäre irre komisch, wenn das anders herum so wäre.

Weißfleck, mein Gutester. Niemals vorher habe ich eine solche Amsel getroffen.

Nicht, dass es sich mit den gefiederten Freunden anderer Arten anders verhält. Schräge Vögel gibt es oft. Ich erinnere mich noch gut daran, dass eine Kohlmeise ihr Spiegelbild so närrisch fand, dass sie tagelang vor dem Fenster des Gartenhäuschens auf und ab flog und sich selber beim Fliegen zuschaute. Irgendwann wurde sie dann so wahnsinnig, dass sie dabei zig Mal in bester Buntspechtmanier gegen die Scheibe pickte. Und als das als Ausdruck des Insichselbst-Verliebtseins noch nicht reichte, begann sie, am Fensterkitt zu hacken, ganz so, als wolle sie die Scheibe und damit ihr eigenes Spiegelbild mitnehmen auf eine was weiß ich wie weite Reise. Als Kohlmeise kann sie von Glück reden, dass sie kein Zugvogel ist, sondern auch im Winter dem Weserbergland treu bleibt. Tagelang mühte sie sich, doch irgendwann gab sie ihr Ansinnen auf und gründete eine Familie, weil sie sich nicht nur in sich selbst verliebt hatte, sondern auch in eine hübsche Meisin.

Gerne entsinne ich mich auch an Knickerknacker, so habe ich den Gartenrotschwanz aufgrund seines unverwechselbaren musikalischen Tuns getauft, der auf die nicht ganz so ideale Idee gekommen war, sein Nest auf einem 500-Watt-Strahler zu bauen, der sich zur Ausleuchtung des Grundstücks unter einem Dachvorsprung befindet. Ein Bewegungsmelder bringt die Lampe zum Leuchten. Und 500 Watt können verdammt heiß werden. Dass Knickerknacker einen roten Schwanz bekommen hat, weil er nachts in seinem Nest saß, ist ein Irrtum. Den roten Schwanz gaben ihm die Gene. Doch war ich bannig erstaunt über den Nestbau des Pärchens. Zum Gelege ist es aber nie

Der stolze Amselherr Weißfleck schnabuliert sich gerne einen Regenwurm oder auch zwei – vor allem nach dem Rasenmähen.

gekommen; die Eier wären gebraten gewesen, bevor ein sich daraus entwickelnder Nachwuchs hätte Piep sagen können. Knickerknacker und seine Brut der Nachjahre sind auch nie wieder auf die Idee gekommen, dort ein Nest zu bauen, sie pflegen dies nun woanders zu tun, wo es sicherer ist.

Dass die Spatzen in der dafür von mir an sicherer Stelle befestigten Spatzenvilla mit gleich drei Wohnungen dieses noch niemals getan haben, nehme ich ihnen übel. Sie brüten überall, nur nicht dort. Und sie flattern in wilden Scharen einher, wenn ich neue Grassamen ausgebracht habe.

Überhaupt ist dies ein guter Ratschlag an Gartenbesitzer und Naturbeobachter, deren unumstößliche Meinung es ist, die Spatzen seien ausgestorben. Es ist nicht anzuzweifeln, dass sich ihr Lebensraum verändert hat, aber meine Erfahrung ist, dass man – quasi nur pro forma – in jedem neuen Frühling Grassamen ausbringen sollte. Keinen billigen Berliner Tiergarten natürlich; das mit Wildkräutern gesättigte Nullachtfuffzehnzeugs rührt die wilde Brut nicht an. Teure Saat soll's sein, wenigstens 20 Euro für 50 Quadratmeter. Kaum ausgebracht und mit der Walze verfestigt, binden sich die Spatzen das Lätzchen um.

Das ist übrigens auch als Plädoyer gegen Rollrasen zu verstehen. Auf dem teuren Teppich gibt's ja nichts zu picken. Spatzen darf man nicht erwarten, wenn man auf diese Weise seine Grünfläche gestaltet. Aber die halbe Welt ist immer noch in der irrigen Annahme, dass Rollrasen nicht verkrauten würde und so gleichmäßig grün bliebe, wie er ist. Nein, bleibt er nicht, höchstens dann, wenn sich Löwenzahn, Giersch und Gänseblümchen zusammen totlachen und nicht wieder aufstehen, aber das ist kaum zu erwarten.

Wenn's nun keine neue Grassaat zu fressen gibt, geben sich die Spatzen natürlich auch mit anderem Terrain zufrieden. Einer von ihnen winkt mir des Morgens immer aus der Gosse zu, was nichts mit seinem sozialen Stand zu tun hat. Er sorgt als Rinnsteininspektor dafür, dass sich darin nicht zu viele Käfer, Körner und Kekskrümel vorbeieilender Schüler aufhalten. Ich stehe am Küchenfenster, noch verschlafen und mich an der Tasse Kaffee festhaltend, damit ich nicht umfalle, und schaue ihm dabei zu. Der Rinnsteininspektor ist ein eigenartiger Spatz. Er ist allein unterwegs. Mehr spätzische Eigenart geht nicht. Kein Spatz ist jemals irgendwo auf dieser Welt völlig allein unterwegs gewesen. Nur der Rinnsteininspektor, der hält sich die Sippe vom Gefieder. Dass er ein Zuhause hat, wo die Familie auf ihn wartet, daran will ich nicht zweifeln, aber den Morgen verbringt er ganz mit sich allein, einsam unterwegs in der Straßenrinne. Ein seltsamer Bursche.

Und so freue ich mich jeden Tag über die heimischen Singvögel, ohne deren fröhliches Zutun kein Garten so klänge wie er klingt. Das abendliche Lied der Amsel auf dem Dachfirst, das erquickliche Piepen der Jungmeisen im Häuschen des Apfelbaumes, der aufgeregte Flügelschlag der Grünfinken im Dickicht der Tannenreihe am Grundstücksrand, all diese Klänge vermischen sich zu einer Sinfonie der Fröhlichkeit.

Und wenn morgen die Welt untergehen würde, dann ginge ich noch heute daran, meinen Rasen zu vertikutieren, um Weißfleck ein dankbares Adieu zu geben. Es wäre natürlich schön, wenn sie nicht untergeht.

Herbst

Wie die Kohlmeisen sausen

Die Meisen, sie reisen bis ganz nach oben
Düfte von Kräutern und allerlei Rosen,
Lavendel, Jasmin und den Aprikosen
Begleiten sie bis in die Apfelbaumkronen
Dort wollen sie wohnen.

Sie bauen sich Nester aus Moos und aus Zweigen
Und machen sich Buchenholzhäuschen zu eigen.
Sie hecken in Hecken was aus.
Sie klauben vor Lauben im Grün.
Dabei fliegen sie nie geradeaus
(Man müsst' sich ja auch drum bemühen …).

Wie doch die Meisen
An Tagen wie diesen,
Den lauten und leisen,
So sausen und kreisen.
Sie schneiden die Lüfte
Sie drehen Pirouetten
Im Sturzflug sie fallen
Und fliegen Stafetten.
Sie jagen Insekten
Sie picken an Früchten
Insekten verreckten,
Sie konnten nicht flüchten
Sich doch nicht mehr retten.

Und doch zählen die Meisen
Im Grund' zu den netten.
Sie sitzen nie still
Und fliegen und wandern
Und wirbeln die Welten
Noch ganz durcheinander.
Noch danz gurcheinander.
Goch danz nurcheinander.

Wie die Mohlseisen kausen
Und mit den Schlügeln flagen.
Wie durch die Glüfte sie leiten
Und den Wurzflug stagen.
Sie massen sich lieder
Auf Apfelzwaumbeigen
Zu krohnen in Wonen.
Sie fricken an Prüchten
Wie Firschen und Keigen.
Die Sohlkeisen mausen
Muzammen sit Maubleisen
Wan agen die tiesen
Lend dauten lund eisen.

27

… sodass unfruchtbare Plätze zu fruchtbaren werden und die Schönheit sich Raum nimmt …

Schönheit liegt im Auge des Betrachters. Es mag viel Wahrheit in dieser Weisheit stecken, und doch stellen sich Menschen die Frage nach der Schönheit ihres Gartens immerzu von Neuem. Die Zweifel am Bestehenden, die Freude am Verändern, das sind entscheidende Faktoren, die bei der Gestaltung des grünen Wohnzimmers eine Rolle spielen. Und immer ist's die Schönheit, die obsiegt, denn sie ist relativ.

Wie muss er aussehen, der schöne Garten? Was macht ihn attraktiv? Was ist notwendig zu tun oder zu lassen, „sodass unfruchtbare Plätze zu fruchtbaren werden", wie es der bekannte deutsche Staudengärtner Karl Foerster so trefflich formulierte.

Zwei Meter hohe Rittersporne stechen himmelblau himmelwärts in den sommerlichen Morgen. Rudbeckia-Sonnenhut quillt strahlend gelb aus dem Staudenbeet hervor; seine vielen Blüten wiegen sich gemeinsam mit den Halmen des Lampenputzergrases, während der glutrote Flor des Türken-Mohns nur noch in unserer Erinnerung schwebt, dafür aber seine dicken Samenkapseln in Dutzenden stehen. Kleiner Fuchs und Tagpfauenauge laben sich auf den stacheligen Bällen der Kugeldistel und unterneh-

Disteln werden gemeinhin unterschätzt: Die Blüten der Eselsdistel erinnern zum Beispiel an die großen Köpfe von Artischocken.

men nektartrunken hin und wieder eine Reise zum Sommerflieder der Züchtung 'Black Knight', dessen dunkelviolette Rispen eine Versuchung sind, der kein Falter widerstehen kann. Ist dies ein Idealbild des schönen Gartens?

Für viele, aber nicht für alle. Es gibt auch Menschen, die mögen formale Gärten lieber als bunt-blühende Staudenbeete. Die Schönheit ist Geschmackssache. Mit anderen Worten ist ein Garten folglich dann schön, wenn man sich selber darin wohlfühlt. Wer Brennnesseln, Giersch,

Löwenzahn und Gänseblümchen nicht als Unkräuter begreift, sondern als schmückendes Element, lässt sie wachsen in wilden Ecken und auf grünem Gras. Man darf nicht vergessen, dass daraus ja auch neue Schönheit erwächst. Schmetterlingsraupen entwickeln sich am saftigen Grün von Brennnesseln, Hummeln und Bienen lassen sich vom Löwenzahn anlocken.

Schönheit vermag nicht ständig gepflanzt zu werden, sondern entwickelt sich auch von selber. Davon muss Dichter Friedrich Rückert (1788–1866) überzeugt gewesen sein, als er das Gedicht „Den Gärtnern" schrieb:

> Ich zog eine Wind' am Zaune;
> Und was sich nicht wollte winden
> Von Ranken nach meiner Laune,
> Begann ich denn anzubinden
> Und dachte, für meine Mühen
> Sollt' es nun fröhlich blühen.
>
> Doch bald hab' ich gefunden,
> Dass ich umsonst mich mühte,
> Nicht, was ich angebunden,
> War, was am schönsten blühte,
> Sondern was ich ließ ranken
> Nach seinen eigenen Gedanken.

Gärtnerglück lässt sich demnach nicht erzwingen. Nur wer mit Hingabe zu pflegen und pflanzen versucht, wird die schönen Seiten (s)eines Gartens entdecken. Sie sind nicht allein im Zauber der Blüten zu finden, sondern zeichnen sich ebenso im Werden und Vergehen ab. Da sind zum Beispiel die Puschel der verblühten Waldrebe, die nach dem Flor das ganze Jahr bis über den nächsten Winter hinaus die Pflanze schmücken. Wäre es nicht ein Jammer, diese tolle Wolle auszuputzen? Da sind auch die trockenen Saatsonnen des längst schon wieder tief schlafenden Zierlauchs; aus seinen lilafarbenen, großen, runden Köpfen sind Denkmäler der Vergänglichkeit und Wiederauferstehung geworden. Verblüht, verblüht und doch zu hübsch, um sie gleich nach der Pracht aus dem Beet zu nehmen. Es gibt noch weitere schöne Beispiele dafür, dass Verblühtes extrem hübsch aussehen kann. Dazu zählt auch das kupferfarbene Laub der Akeleien. Ihre Blüte mag längst vergangen sein, auch ihre Samenkapseln sind unscheinbar – aber die Blätter wirken edel und verleihen dem im Saft stehenden Staudenbeet einen besonderen Kontrast.

„Es ist ganz gleich, ob ein Garten klein oder groß ist. Was die Möglichkeiten der Schönheit betrifft, so ist seine Ausdehnung so gleichgültig, wie es gleichgültig ist, ob ein Bild groß oder klein, ob ein Gedicht zehn oder hundert Zeilen lang ist." Keiner hat jemals die Schönheit des Gartens besser beschrieben als Hugo von Hofmannsthal. Die Größe spielt tatsächlich keine Rolle. Auch nicht die Bepflanzung oder die Arrangements in den Beeten. Manche Menschen verzichten auf blühende Stauden, fühlen sich im formal angelegten Garten mit Buchs und Thuja wohl, der vor allem dann seine Stärken ausspielt, wenn die Vegetationsperiode schon deutlich Richtung Winter zeigt – das Grün ist immer da und gibt dem Garten eine Ganzjahresstruktur. Andere, für deren Augen die Schönheit der Immergrünen unentdeckt bleibt, suhlen sich lieber im Wirrwarr von Farben, Blatt und Blüten, entwickeln ihren Spaß an der Konkurrenz von Schönheit. Oder sie dulden sogar die Brennnesseln! Bei wenigen Pflanzenarten liegen Unfrieden und Wertschätzung so eng beieinander wie bei der Brennnessel. Streng genommen ist sie ein Zerstörer wohlüberlegt komponierter Gestaltung. In gemischten Staudenpflanzungen hat sie nichts zu suchen. Im Gemüsegarten sollte sie zumindest nicht überhandnehmen. Andererseits ist die optische Komponente nicht ihr entscheidendes Merkmal; die Brennnessel hat innere Werte, deren Basis ihre Pflanzensäfte sind, die zu mehr Gesund- und Schönheit beitragen können. Welche Pflanze kann das schon…? Junge, frische Blätter beinhalten viele Vitamine und sind mineralstoffreich. Deshalb werden sie von Feinschmeckern in der Küche verwendet. Im Garten selbst wissen Gärtner, die auf biologische Wirkungsweise vertrauen, eine mit Brennnesseln angesetzte Jauche zur Stärkung geliebter Stauden und Gehölze zu schätzen. Die Brennnesseljauche dient der Düngung und Vitalisierung und wird direkt an den Wurzelbereich gegossen. Auf diese Weise sorgt sie für Schönheit und ist also Bestandteil eines „schönen Gartens".

Recht haben alle, solange sie sich in ihrem grünen Reich wohlfühlen und anderen Menschen mit anderen Vorstellungen dasselbe Recht einräumen. Über Geschmack lässt sich nicht streiten. Über die Schönheit schon gar nicht. Und so ist es vor allem die Distel, die gemeinhin auf jenem unliebsamen Streifen Unglückseligkeit wächst, der das Schöne vom Hässlichen, das Nützliche vom Unnützen trennt, und der leider nur von den wenigsten Pflanzenliebhabern und Gartenbesitzern aufs Wohlgedeihen beackert wird. Vielen ist die Distel ein Dorn im Auge, und es macht freilich keinen Spaß, im sommerlich satten Gras barfuß auf eine gewöhnliche Distel zu treten, obwohl man doch den Morgentau spüren wollte. Andererseits ist Distel nicht gleich Distel. Die Eselsdistel zum Beispiel ist wirklich nicht als störendes Unkraut zu verurteilen, sondern kann vielmehr ein belebendes, ungewöhnliches Element für den Garten darstellen. Ihre wie mit Spinnweben behaarten, kräftigen Blätter sind silbergrau und schaffen einen auffälligen Kontrast zu gritzegrünblättrigen Stauden. Onopordum benötigt, um sich gut entwickeln zu können, viel Platz; im Beet sollte wenigstens ein Durchmesser von anderthalb Metern gewährleistet sein – sonst bedrängt diese kräftige Pflanze nebenstehende Stauden. Als Zweijährige bleibt sie im ersten Jahr flach und wird nicht besonders breit, bildet eine Rosette aus, die von ihrer enormen Größe im zweiten Jahr noch nichts erahnen lässt.

Die Tragödie der Eselsdistel wie anderer Disteln begründet sich in ihrer behutsam, auf zwei Vegetationsperioden verteilt wachsenden Schönheit. Vielerorts lässt man sie nicht zur Blüte gelangen, sticht sie vorher mit einem langen Messer aus. Dieser Stich in den Boden ist ein Stich ins Herz des Liebreizes. Denn aus der Distanz betrachtet könnte die Blüte der Eselsdistel auf eine Zierartischocke schließen lassen. Andere Distelarten stehen dieser Anmut in nichts nach, so zum Beispiel die Gewöhnliche Mariendistel, die überdies eine altbewährte Heilpflanze ist. Ihre sehr hübschen, purpurroten Blütenknospen können wie Artischocken gekocht werden, schmecken auch ähnlich. Geerntet werden sollten sie recht früh, noch bevor sich die mittleren Schuppen öffnen; dann sind sie noch zart. Die Samen der Mariendistel sollen angeblich bei Leberschäden helfen. Ein sonniger Platz, nicht direkt im Staudenbeet, sondern im Grenzbereich, ist der Mariendistel mit ihren grün-weißen Blättern am liebsten. Und: Ja, natürlich sollte man der allzu forschen Verdistelung Einhalt gebieten und der von Mutter Natur erschaffenen Grazie dennoch korrigierend mit einer Schere zur Seite stehen. Immerhin produzieren Distelpflanzen je nach Art bis zu 10 000 Samen – pro Blütenkorb!

Es ist ratsam, über die Schönheit nicht grundsätzlich zu richten, kein vorschnelles Urteil zu fällen, sondern zu versuchen, sie auf sich wirken zu lassen. Es verhält sich mit der Kunst im Grunde nicht anders. Und letztlich kann noch ein Blick nach Schottland nicht schaden. Dort ist die Eselsdistel seit dem 13. Jahrhundert Wappenpflanze. Und der „Order of the Thistle", der „Distelorden", ist Schottlands ältester und von höchstem Rang.

28

… denn der Wert von Kräutern hängt nicht an ihrem Nutzen allein; er bemisst sich ebenso am Aussehen, was schlussendlich auch ein Schmaus ist: ein Augenschmaus …

Es war ein Geschenk, genau genommen ein Teil eines reich gefüllten Korbes voller Kräuterpflanzen. Zwischen Basilikum, Zitronenthymian und Oregano aalte sich der Wasserpfeffer mit schmalen Blättern, noch jung und zart. Bis heute gibt mir dieses Knöterichgewächs Rätsel auf, denn es ist in seiner Ausbreitung von unberechenbarem Charakter und, so unscheinbar es einst auch zu mir gelangte, mit seinem im Verlaufe des Jahres rosrötlich sich färbendem Habitus letztlich zu einer tragenden Säule des herbstlichen Gartens geworden.

Obwohl der Wasserpfeffer (auch Pfefferknöterich, Pfefferkraut oder Scharfkraut genannt) in unseren mitteleuropäischen Breiten als einjährige Pflanze gilt und obwohl ihm Feuchtstandorte die liebsten aller Plätze sein sollen, wie er sie in den gemäßigten bis tropischen Klimazonen seiner Heimat Eurasiens und Nordafrikas einzunehmen pflegt: Bei mir steht er, gesäumt von hübschen Kakteen und verschiedenen Sukkulenten wie Spinnweb-Hauswurz, relativ trocken zwischen einigen anderen Kräutern in einer alten Sitzbadewanne aus Zink schon seit mehreren Vegetationsperioden. Die minus 18,7 Grad Celsius am 21. Dezember 2010 hatte er nicht unbeschadet überstanden – aber überstanden.

Denn diese einjährige Pflanze samt sich so fidel in alle Himmelsrichtungen aus, dass der volkstümliche Ausspruch „Der soll bleiben, wo der Pfeffer wächst" bedeutungslos zu schwinden scheint. Der Wasserpfeffer wächst nämlich gewissermaßen fast überall. Seine Saat keimt verlässlich sowohl im Steingarten als auch im Staudenbeet, selbst vor dem Okkupieren von Mauerritzen und Steinfugen an sonnigen Standorten macht er nicht Halt.

Im Gegensatz zu vielen anderen Küchenkräutern duftet der Wasserpfeffer kaum spürbar; seine Blätter schmecken bitterscharf und finden selten den Weg in heimische Küchen. Doch der Wert von Kräutern hängt ohnehin nicht an ihrem Nutzwert allein; er bemisst sich ebenso zu einem Gutteil am Aussehen, was schlussendlich auch ein Schmaus ist: ein Augenschmaus. Hier kann der Wasserpfeffer punkten. Er wird sogar mit jedem Tag im Laufe von Frühling, Sommer und Herbst schöner. Rostrotbraun bis Bordeauxfarben mit hellgrünen Sprenkeln ist sein Laub, und wenn Ysop und Lavendel schon ihren Zenit überschritten haben, präsentiert der Wasserpfeffer hängende, ährige Blütenstände in warmem Violett, die teils zehn Zentimeter lang sind, bis in den Oktober hinein. Es macht keinen Sinn, Persicaria hydropiper vor dem Winter mit sorgenvoller Miene zu betrachten. Der kommt nächstes Jahr wieder, keine Frage.

Und dies – bleiben wir doch beim Thema dieser wiederkehrenden Schönheiten – trifft auch auf weitere Pflanzen zu. Vielleicht nicht solche spektakulären Exoten, aber dafür solche, die unseren heimischen Gärten das wohlbekömmliche Flair eines Bauerngartens althergebrachter Art verleihen. So muss man sich auch nicht um die Stockrosen ängstigen. Zwar zählen sie immerhin schon zu den zweijährigen Pflanzen, aber selbst nach den beiden Vegetationsperioden bleiben sie dem Beet erhalten. Ihre Blütenrispen erreichen spielend eine Höhe von wenigstens 280 Zentimetern, zuweilen wachsen sie auch über sich und damit über die Drei-Meter-Marke hinaus. Das ist gar olympisch rekordverdächtig, wo doch Taschenatlanten, Fach- und Sachbücher der Chinesischen Stockrose ein Gardemaß von allerhöchstens zwei Metern bescheinigen.

Der Trick ist, sie in Frieden zu lassen. Ich grabe sie nicht aus und versetze sie womöglich, ich dünge sie nicht, ich gieße sie nicht. Ich behandele noch nicht einmal den Rost auf ihren großen Blättern, die im Verlauf des Sommers dann trübselig von unten beginnend herabrieseln. Ich gebe ihnen, den Stockrosen, tollkühn und unverfroren, sogar die Gelegenheit, sich wild und ungezügelt auszusäen. Die Körnchen krallen sich selbst in schmalsten Ritzen fest, sprudeln fröhlich aus südseitigen Mauervorsprüngen heraus und erheben sich zwischen allerlei Stauden in sonnigen Beeten, wobei sie mit ihren großen Blättern kleinwüchsige Pflanzen durchaus so verschatten können, dass diese dann eingehen wie 'ne Primel.

Nur solange die Stockrosen es mit ihrem Ausbreitungsdrang nicht übertreiben, ist alles gut. Aber wehe, sie werden übermütig. Dann ist die Zeit gekommen, mit dem Spatentod das Übel an der Wurzel zu packen.

Das tut weh, nicht nur den Pflanzen, sondern manchem Gärtner auch in der Seele, aber es muss sein, will man nicht in einer Stockrosenschwemme zu ertrinken drohen.

Und dabei ist Eile geboten. Soll heißen: Den Spaten aktivieren, bevor sie sich zu großer Pracht entwickeln. Denn wenn Alcea rosea erst einmal blüht, fassen nur noch die Mutigsten sich ein Herz, sie auszulöschen.

Also muss das im Herbst geschehen. Ich würde annehmen, so viele Pflanzen zu entfernen, bis wieder Struktur in den überstockrosten Bereichen einkehrt. Dass ich dabei Gefahr laufe, geradewegs den hübschesten Farben den Garaus zu machen und die blassesten stehen zu lassen, ist Laune des Schicksals. Aber nicht zu handeln, würde bedeuten, im kommenden Jahr im Stockrosenurwald umherzuirren, und das ist auch keine Alternative.

… was bilden wir uns nur ein, wenn wir die Spinnen als Teil der Schöpfung mit dem Staubsauger in den Schlund des Todes ziehen …

Die dicke Madame mit den acht Beinen, die sich zwischen Fallrohr und Regenrinne ein Netz gewoben hat, ist meilenweit entfernt davon, eine Künstlerin zu sein. Ziemlich lumpige Angelegenheit. Ihre Verwandte hat es im Sonnenbeet besser hingekriegt. Zwischen spät erblühtem weißen Borretsch und Lavendel ’Hidcote’ schuf sie ein Opus, das tagsüber als Gourmet-Restaurant dient und des Nachts den Tau einfängt. Wie an einer Perlenkette hängen die Tropfen dann am frühen Morgen, wenn die Nebel langsam steigen, und die Kreuzspinne hängt am seidenen Faden, bereit, die Fänge der Nacht zu sortieren. Das hübsch-gräusliche Prozedere ist Natur und kein Grund zur Panik. Kann man einfach so hinnehmen und sich daran erfreuen.

Es war dunkel und es war spät, als ich vorgestern Abend zu Bett ging. Draußen Stille, nur das Plätschern des Brunnens püscherte sich durch das Dunkel. Gartenkreuzspinnen und alle ihre Schwippschwägerinnen und Anverwandten saßen friedlich irgendwo, als ein dunkles Energiebündel über den gelben Schlafzimmerteppich huschte. Wenigstens einmal pro Saison ist eine der Hauswinkelspinnen so mutig, sich ins Schlafgemach zu wagen. Mindestens so schleierhaft wie der morgendliche Nebel ist mir ihr Ansinnen, dort herumzulaufen, wo ich zu träumen wage. Weil ich nicht zu albträumen wage, setze ich sie in steter Wiederkehr hinaus an die frische Luft. Ich töte sie nicht, das habe ich früher getan und bereue diese Missetaten bis heute, ja, ich schäme mich sogar. Ich nehme sie aber auch nicht auf die Hand, nicht etwa, weil ich Angst habe, aber mir fehlt der Mut …

Also hole ich ein großes Glas und stülpe es über die arme Spinne. Als ich es diesmal wieder tat, drückte sie sich ganz nah an die Fußleiste, so als wenn sie sich ängstigen würde, den Tod vor Augen. Sie fühlte sich in die Enge getrieben. Sie tat mir leid. Würden wir Menschen, verfolgt von hausgroßen Monstern mit Riesengläsern in der Hand, nicht ebenso sehr uns fürchten? Ich schob vorsichtig ein Papier unter das Glas und brachte die Spinne nach draußen. Alles gut.

Spinnen sind großartige Wesen! Kräftig bisweilen, kernig auf jeden Fall, flink und gewandt, in der Lage, Trichter oder Radnetze zu spinnen, die widerspenstig auch den finstersten Stürmen und Regenschauern standhalten, und doch sind diese Tiere fragil und angreifbar. Dabei tun sie nichts anderes, als uns zu beschützen. Wir Menschen haben das nicht verdient, wir sind für den Erdball nur wie eine Viruserkrankung, die der Globus irgendwann ausgestanden hat, aber sie tun's trotzdem. Ohne Spinnen würden wir vor lauter Mücken nicht mehr zum Atmen kommen.

Deshalb – ohne Pathos und ohne Oberlehrergewürge, doch trotzdem mit Nachdruck – bedarf es einer grundsätzlichen

Arachnophobia? So ein Quatsch! Spinnen gehören zu den wichtigsten Gartenbewohnern.

Kritik. Was bilden wir uns ein, die zu töten, die so friedvoll sind und nichts anderes tun, als überleben zu wollen. Was glauben wir, wer wir sind, wenn wir diesen Teil der Schöpfung einfach mit dem Staubsauger in den Schlund des Todes ziehen? Dann brechen wir den Spinnen ihre Beine, aber das Leben verlieren sie erst später, qualvoll dahinsiechend in einem öden, staubigen Beutel. Wer Haifischflossensuppe frisst, ist auch nicht schlimmer.

Unten im Keller höre ich's knuspern. Dort sitzen pro Raum mindestens zwei Hauswinkelspinnen und lutschen sich ein paar Kellerasseln aus. Assel spumante. Energydrink. Auch das: Natur. Solange sie sich nicht den guten Rotwein öffnen, ist alles in Ordnung. Ich freue mich derweil am Bild der Wespenspinne, die immer öfter auch in unseren Breiten auftaucht. Gelbweiß gestreift, mit schwarzen Querbändern. Die tut nix, die will nur weben und leben. Auf ihrer Speisekarte stehen kleine Insekten. Und Angsthasen.

Im übertragenen Sinn hängt das Dasein, das alltägliche Tun und Lassen auf unserem blauen Planeten, also doch an einem seidenen Faden. Einen ganz besonderen hat die Gartenkreuzspinne zu bieten, deren Radnetz der hohen Kunst schon recht nahe reicht, wenn die altweibersommerlichen Nebel steigen und sich der Tau darin verfängt, wenn Wassertropfen wie Perlen aufgereiht sind. Keine Spinne darin zu sehen? Der Schein trügt. Die Gartenkreuzspinne sitzt dann womöglich neben ihrem Speisezimmer an unbeobachteter Stelle in einem Schlupfwinkel, und ein spezieller Signalfaden alarmiert sie über jede Erschütterung im Netz. Wer sich darin verfängt, ist des Untergangs; es wäre vollkommen zwecklos, einen eben noch fröhlich fliegenden Falter aus dieser tödlichen Umarmung retten zu wollen. Hat nicht die Spinne ein ebensolches Anrecht darauf, ihren Hunger zu stillen? Ist sie nicht sogar nützlicher als der Falter, der uns zwar schön, aber in seinem Laissez-faire unstet erscheint? Kein Netz und keine Spinne sollten einer aus blanker Furcht getriebenen Zerstörungswut zum Opfer fallen. Ihre Bedeutung für Flora und Fauna ist viel zu groß.

… aber nach einiger Zeit des Sinnierens muss eine definitive Entscheidung stehen, spatenhieb- und stichfest vor dem Hintergrund, der statischen Gefahr erfolgreich zu begegnen …

Bestandspflege ist gut. Wer aber ausnahmslos darauf bedacht ist, vorhandene Strukturen penibel zu erhalten, ohne minimalste Veränderungen zuzulassen, läuft Gefahr, statisch zu agieren, was in sich schon ein Widerspruch ist. Selbst dem noch immer monumental schönen Sissinghurst Castle Garden im südenglischen Kent wird dies zur Last gelegt, weil er streng nach dem immergleichen Muster seiner einstigen Besitzerin Vita Sackville-West instand gehalten wird. Sissinghurst trägt bei allem Respekt für die englische Gartenkunst eher den Zauber des Vergangenen denn das Antlitz des Aktuellen. Die Gefahr ist, sich daran sattzusehen, obwohl diese Anlage natürlich ausgezeichnet ist und bleibt. Wenn aber sogar schon an einem so bedeutungsvollen Ort eine fast hinterlistige Langeweile droht, die sich mit Schönheit tarnt, weil die Firne einstiger Blüte strahlender scheint als das Gegenwärtige, wie groß ist dann die Gefahr der sich ausdehnenden Gleichgültigkeit im eigenen Garten einzuschätzen, den man täglich vor Augen hat?

Plötzlich nimmt man Blüten und Laubfärbungen nicht mehr so wahr, wie sie sind: einzigartig und schön. Nach und nach entgleitet die Aufmerksamkeit gegenüber Stauden und

Gehölzen hinab ins Bodenlose und versickert in einem öden Stück Rasenfläche. Außerdem sollte der Zufall nicht nur Statist sein, will man sich immer neu überraschen lassen. Immerhin liegt darin ein Vorteil zur Kunst im Allgemeinen: Gedichte, die man schreibt, Bilder, die man malt, unterliegen einem endgültigen Ausrufungszeichen oder dem allerletzten Pinselstrich. Für einen Garten, sei er auch nur strandhandtuchklein, gibt es diesen Schlusspunkt nicht. Der Garten sollte unbedingt dem ständigen Wandel unterliegen; es wäre töricht, ihn „zu Ende" zu bringen. Das wäre sein Ende.

Etwas Absolutes zu kreieren gelingt vermutlich nur dann, wenn man überzeugt ist, es nie „ganz" werden zu lassen. Wenn man die innere Unruhe spürt, jetzt auf der Stelle ein Beet neu zu komponieren, dann muss man diesem Verlangen dringend folgen. Deshalb habe ich die Walzen-Wolfsmilch aus dem Steingarten verbannt. Euphorbia myrsinites hatte Teilbereiche zweifelsohne entzückend ausgeschmückt, doch kam ihr Wachstum mit der Zeit einer Annexion der Fläche gleich. Anstelle dürfen jetzt Haus- und Dachwurz wachsen, ausgeschmückt mit hübschen Steinen. Daneben soll ein Currystrauch Boden gutmachen und mit weiß blühendem Lavendel silbergraues Ambiente in entzückendem Kontrast zum saftig-grünen Laub der gelb blühenden Kokardenblumen setzen.

Derselbe Bereich, der nunmehr vollkommen neu gestaltet Aufmerksamkeit erregt, entzog sich vor seiner Überarbeitung jedem Blick. Routine war sein Untergang. Sie zu durchbrechen gelingt nur mit der Bereitschaft, Neues auszuprobieren

*Fröhliches Durcheinander im Blütenstrudel: Farben müssen
nicht penibel aufeinander abgestimmt sein.*

und dabei auch Risiken einzugehen. Gewiss: Es ist wie die
Furcht des Poeten vor dem weißen Blatt Papier. Nur ist der
Poet in diesem Fall ein Gärtner und das weiße Blatt ein Stück
Land. Dann und wann nur wenige Quadratmeter Verzweiflung, jedenfalls oft nicht viel Fläche. In der Planphase, lange
vor dem Urbarmachen mit Umgraben und Entkrauten, verwandelt sich jeder Gedanke an das bevorstehende Projekt in
Gold. Auf alten Briefumschlägen, Kladden und Notizzetteln
sammelte ich die Gedanken ohne Unterlass. Ich machte
Zeichnungen, verwarf sie wieder, kritzelte neue, radierte und
rotierte. Ich hielt die eine Idee fest, um sie mit einer nächsten

zu vergleichen, wissend, dass es nicht der Weisheit letzter Schluss sein würde. Konnten die beiden nicht miteinander in Einklang gebracht werden, verwarf ich sie und fing bei null an. Bis ich begriff, dass dies zu nichts führen würde. Die nächste Alternative schon nicht mehr als die beste zu erachten, weil ihr eventuell wahrscheinlich tendenziell noch eine andere Möglichkeit schon im Ansatz den Garaus macht, ist ein toxischer Verdrängungswettbewerb.

Es ist unbestritten wichtig, Vergleiche zu ziehen, Abstände zu messen, Blütenfarben und Laub sowie Pflanzengrößen miteinander zu vergleichen, um auf dieser Basis Stufung, Kolorierung und Blattbild sinfonisch abstimmen zu können. Denn es gibt nie nur die e i n e Möglichkeit, es gibt unsagbar viele. Bekanntlich ist das Bessere der Feind des Guten. Aber nach einiger Zeit des Sinnierens über Für und Wider muss eine definitive Entscheidung stehen. Spatenhieb- und stichfest. Es gilt, ein Statement zu setzen!

Ein Statement ist das Gegenteil von Herumeiern und das Fokussieren auf Wesentliches. Wesentlich ist, dass es in diesem Fall um ein paar bescheidene Quadratmeter geht, die sich im Halbschatten auf normal durchlässigem Gartenboden befinden. Das schränkt die Pflanzenauswahl noch nicht sehr ein. Die Stelle ist windanfällig. Das schränkt sie schon mehr ein. Und sie liegt im Nahbereich zu im Mai und Juni weiß blühenden Gehölzen. Also muss etwas Farbiges her, das folglich früher und später den Flor entwickelt, um die Baisse im Blütenindex aufzufangen. Auf diese Weise minimiert sich die Auswahl der Pflanzen und ist trotzdem noch gewaltig. Aber man bringt sich in die vorteilhafte Position, schon einmal Eingebungen zu Grabe zu tragen, indem man sie n i c h t unter die Erde bringt.

Ich bin mir sicher, bis heute mehr Einfälle beerdigt als umgesetzt zu haben. Hin- und herzuschweben wie ein Blatt im Wind, ist kein Makel, solange die Erkenntnis bleibt, es beim nächsten Mal standhafter durchzuziehen. Abwägen ja, hadern nein. Es ist auch denkbar einfach: Eine oder zwei Leitstauden müssen her, der Rest ist Spiel. Ein Durcheinander zu pflanzen, nur um der Sortenvielfalt Rechnung zu tragen, erbringt keinen Nutzen. Auf diese Weise verschleudert man das Talent der Fläche. Sie zerfasert.

Besser ist es, auf Wiederholungen zu setzen. Je größer die Fläche, desto mehr Raum müssen Wiederholungen einnehmen. Erst durch Wiederholungen entsteht Rhythmus. Das ist in der Musik genauso wie bei der Erschaffung einer Komposition mit Blumen. Es ist nicht von der Hand zu weisen, dass die filigrane Verspieltheit mit vielen einzelnen Pflanzen unterschiedlichster Art aus nachvollziehbaren Gründen des in vielen Gärten nicht genügend vorhandenen Platzes in Erwägung gezogen wird, um eine größtmögliche Vielfalt zu schaffen. Das ist gut gemeint, dient der Sache aber nicht. Bei näherer Betrachtung ist das Hinklecksen eines kunterbunten Dutzends auf wenigen Quadratmetern nämlich nur die Folge des „Sich-nicht-entscheiden-könnens" zwischen den Möglichkeiten. Alles bleibt ein Versuch. Auf diese Weise verlieren Beete, seien sie noch so gut gemeint und mit noch so viel Herzblut angelegt, an Halt und Stärke, weil zu viele verschiedene Einzelpflanzen in der Menge untergehen, die sie selber zusammen bilden.

Ästhetik verliert sich dort, wo nach dem Gießkannenprinzip gepflanzt wird. Eine Akelei hier, ein Purpur-Sonnenhut dort, daneben ein Indianernesselchen, vielleicht auch ein zweites, möglicherweise sogar derselben Sorte, aber bloß nicht mehr, weil für Skabiose, Feinstrahl und Kokardenblume auch noch Platz bleiben muss. Und für Rittersporn. Und für Fingerhut. Und für Salbei.

Kleinkrauterei! Auf diese Weise trägt sich der beblümte Bereich nicht mehr selbst. Er suppt fort, entwickelt keine Strahlkraft. Keine Pflanze verleiht ihrer Nachbarin Festigkeit, sondern versucht andauernd zu konkurrieren, was schlussendlich nur ermüdend ist. Die Blumen neutralisieren sich gewissermaßen selbst. Es ist keine Komposition, es ist nicht einmal Free Jazz, der hier entsteht, es ist eine Aneinanderreihung von Zufälligkeiten.

Das Gegenteil muss der Fall sein: Will man ohne Effekthascherei ein ansprechendes Resultat erzielen, wird erst die konkrete Auswahl das Maß aller Dinge. Es ist wahrlich schwer genug, in der Gärtnerei und beim Staudenfachmann sich dem Charme verschiedenster bezaubernder Pflanzen zu erwehren, aber erst im Verzicht liegt die Kunst der Gestaltung, nicht im blindwütigen Kaufen eines Allerlei. Somit begründet sich der Erfolg in ausgewogener Fülle. Eine Prachtscharte macht noch keinen Sommer, aber drei oder vier im Verbund gepflanzte Stauden Liatris spicata ergeben eine Welle des Wohlgefühls. Dies gilt für fast alle Stauden, es sei denn, sie haben das Zeug dazu, als groß und hoch wachsende Komplementärpflanzen reizvolle Akzente ganz allein setzen zu können, so wie es die Kugeldistel kann. Die allermeisten anderen, selbst der relativ ausladend sich darbietende Rudbeckia-Sonnenhut oder die Flammenblume, sehen im größeren Verbund besser aus.

Jedes Beet, jeder Garten hat seine Grenzen. Ein Zuviel an Arten ist immer wieder ein Zuwenig an Ambiente. Bestimmte Bereiche wirken erst dann in sich geschlossen, wenn ihnen die Bürde eines Sammelsuriums erspart bleibt. Das bedeutet nicht, auf die bunten fröhlich-farbigen Momente verzichten zu müssen, aber ohne Leitstauden, die sich tupfenweise hier und dort immer wiederholen, gelingt die Sinfonie des Gärtnerns nicht.

Rudbeckia-Sonnenhut ist ein tolles Beispiel: In einer langen und tiefen Rabatte muss er mehrmals in größeren Tuffs vorkommen. Das geht natürlich auch mit anderen Stauden. Auf kleinen Flächen hält sich die Wiederholung spürbar in Grenzen, und doch ist sie möglich. Ich versuche es mit Wasserdost, der über zwei Meter Höhe erreicht. Die September-Silberkerze mit ihrem bordeauxroten Laub ist ein guter Begleiter, auch hoch. Beide blühen aber spät. Davor Orientalischer Mohn, lachsfarben und rot, der ab Mai blüht. Den Halbschatten kann er gut ab. Zwiebelblumen – Traubenhyazinthen und Osterglocken blühen ab April, großer Zier-Lauch ab Juni – nicht vergessen. Die niedrige Abgrenzung zum Gehölzbereich mit unterschiedlichen Strauchveronika-

Sorten in geschwungener Form rundet das Werk ab. Geht doch.

Nun herrscht die weitläufige Meinung vor, grundsätzlich „nicht zu dicht zu pflanzen", doch die Wahrheit liegt irgendwo in der Mitte, und apropos: Werden die Stauden zu groß und bedrängen sich nach einigen Jahren selbst, dann teilt man sie, verjüngt, fördert neues Blütenwachstum. Aus geteilter Freude wird auf diese Weise ganz deutlich sichtbar eine doppelte, dreifache, vierfache. Darin liegt Magie! Erst auf diese Weise – und überdies auch durch Selbstaussaat einiger üblicher Verdächtiger wie Akelei, Staudenmohn oder Ysop (als Gehölz) – bleibt der Spannungsbogen über eine lange Zeit erhalten.

Ein wenig Raum für Kompromisse sich zu lassen, weicht das Statement nicht auf. Im Gegenteil: Ein Berg-Tabak mit seinen duftenden weißen Röhrenblüten und den großen Blättern oder die zweijährige Lichtnelke in kräftigem Lila tupft das neue Beet mit Farben aus und lässt genug Raum, im kommenden Jahr mit weiteren saisonal gesetzten Sommerblumen ein anderes Bild zu malen. Die Einjährigen in gemischten Staudenpflanzungen zu unterschätzen, wäre fatal! Sie bringen immer neue Farbe ins Spiel, verändern das stete Bild der dauerhaften Pflanzen und minimieren doch die Bereitschaft zum Risiko, weil sie ohnehin nur in dieser Saison dort stehen, wo sie stehen. Da kann man wenig falsch machen und gerne offen sein für Stilbrüche. Und hier schließt sich der Kreis zum Beginn dieser Zeilen: Denn je mehr Raum wir den Überraschungen geben, desto weniger laufen wir Gefahr, uns sattzusehen.

… und im Altweibersommer ist aus dem Schwert ein Degen geworden, aber immerhin …

Der Rittersporn sieht schon wieder passabel aus, mit frischem Grün und aufrecht stehend, um die 30 Zentimeter hoch. Dabei hat Delphinium sein königliches Blau im Mai und Juni bereits besonders reichhaltig getragen, hat stolz seine Blütentrauben bis auf zwei Meter Höhe gebracht und vermochte mit einer schier lancelotistischen Aura selbst nach Einbruch der Dunkelheit das Blumenbeet vollkommen zu beherrschen. Aber nach dem Flor ist vor dem Flor. Es war mir also eine Ehre, ihm, meinem edlen Ritter Sporn, als Knappe zu dienen und ihn von seiner stumpf gewordenen Klinge zu befreien (was man tunlichst mit einer scharfen erledigen sollte!), damit er bald ein neues himmel- bis violett- oder enzianblau glänzendes Blütenschwert zum zweiten Mal im selben Jahr tragen möge. So werden die Hummeln und Bienen zur Tafelrunde einherschwirren, wie sie es auch vor einiger Zeit getan haben.

Die bekannten Garten-Rittersporne, obgleich aus einer Gattung mit rund 250 weltweit vertretenen Arten vornehmlich der nördlichen Hemisphäre entstammend, sind keine wilde Mischung mehr, nein, jene erquicklichen Staudengewächse stehen als wahr gewordene Träume von Tüftlern und Züchtern als Hybride im Sonnen- und damit Rampenlicht. Rittersporn ist in der Tat eine ehrenwerte Pflanze. Kaum eine

Sommerstaude erweckt mit ihrem Blütenkleid mehr Begeisterung, kaum ein Blau ist königlicher als das des Delphiniums, noch dazu, wenn es schwarzäugig ein Geheimnis zu tragen verspricht. Jede Blüte der langstieligen Trauben, die ein dunkles Herz offenbaren, strahlt dennoch hell und unwiderstehlich. Sorten, deren Blüten ein lichtes Zentrum in sich tragen, haben ebenfalls ihre Reize, wirken allerdings weniger mystisch. Experten, die sich auf züchterische Erfolge der vergangenen Jahrzehnte berufen, preisen den Rittersporn auch rosafarben an, jedoch geht das delphische Vergnügen, das sich im ritterlichen Blau und prinzessinnenreinem Weiß widerspiegelt, zugrunde. Meine Favoriten heißen 'Black Knight' (übersetzt „Schwarzer Ritter"; blüht dunkelviolett mit schwarzem Auge), 'King Arthur' (übersetzt „König Arthur", der ist natürlich ein Muss; blüht dunkelviolett mit weißem Auge) und 'Galahad', der reinweiß blüht. Alle drei können bei guten Bedingungen locker über zwei Meter hoch werden und benötigen deshalb eine Stütze, die sie vor Windbruch schützt.

Wenn Gartenbesitzer von ihren Freiluft-Wohnzimmern erzählen, dann spielt der Rittersporn dabei fast immer eine Hauptrolle. Angesichts seiner immensen Leuchtkraft und der Größe seiner Blütenähren ist er für die Statistenrolle auch nicht geschaffen: Bis zu zwei Meter erreichen die hochwüchsigen Sorten der sogenannten Elatum-Hybriden. Passendere Namen wie 'Frühschein', 'Mozart' und 'Berghimmel' könnten sie kaum tragen. Noch wichtiger als die Sorten sind zunächst aber die Gruppen, in denen Rittersporne eingeteilt werden. die Delphinium-Belladonna-

Der Rittersporn ist eine der wichtigsten Leitstauden.
Seine Lanzen werden je nach Sorte über zwei Meter hoch.

Gruppe, die Elatum-Gruppe und die Pacific-Giant-Gruppe spielen die größte Rolle, wenn es ans herbstliche Pflanzen geht. Es handelt sich um Hybriden, also Schöpfungen aus Meisterhand. Die Unterschiede sind teils immens und finden in erster Linie im Wuchs, Bild und der Blütezeit ihre Unterschiede. Bis 180 Zentimeter hoch, in Einzelfällen auch höher, stehen die Lanzen der „Pazifischen Giganten" aufrecht unterm Frühsommerhimmel. Die Elatum-Gruppe schwingt sich bis 250 Zentimeter hinauf. Ihre Blüten, zwei bis vier Wochen später an der Reihe, stehen dicht gedrängt an unverzweigten Stängeln, während wiederum die Belladonna-Gruppe schon teils Anfang Mai ihren Flor entfaltet – jedoch weniger dicht, sondern weit auseinander, was diesen Rittersporn im Vergleich ein Gutteil ihres Charmes nimmt: Sie sollten deshalb nicht ausnahmslos allein, sondern im Duett mit anderen Gruppen gepflanzt werden.

Prägend für die Entwicklung der Elatum-Hybriden in Europa war die züchterische Arbeit des bekannten deutschen Staudengärtners Karl Foerster. Sein Plaisir war vordergründig die Erschaffung des blauen Gartens, zu dem Foerster weitreichende Zeilen veröffentlichte. Ohne Delphinium undenkbar. Tatsächlich ist das strahlende Violett-, Enzian- und Flieder- bis Himmelblau eines der intensivsten Farberlebnisse in den Gärten auf der ganzen Welt. Die Ironie des Schicksals liegt darin, dass es nicht zuletzt auch Foersters fleißigem Wirken zu verdanken ist, dass der Rittersporn mittlerweile auch in Gelb, Weiß und Rosa erblüht. Schön, aber nicht wunderschön. Wunderschön sind nur die blauen Sorten.

Da ragt er nun aus tiefen Staudenbeeten ebenso stolz hervor wie in schmalen Rabatten an Hausfassaden. Einzig sein Streben nach Sonne muss ihm beim Pflanzen im Herbst mit ins Erdloch gelegt werden. Einen schattigen Platz, nein, damit wäre kein Rittersporn zufrieden. Schön wäre es ja, aber alles geht eben nicht.

Je nach Standort stehen die Pflanzen im Juni in vollem Saft oder aber beginnen erst mit ihrer Blütezeit. Zwar eignen sie sich auch als prächtige Schnittblumen, doch das muss man erst einmal übers Herz bringen … Dann doch lieber den Anblick im Beet genießen. Dort hält das Glück auch recht lange an, mindestens zwei Wochen. Wenn's dann vorbei ist mit der Pracht, hilft ein Schnitt bis zwei Handbreit über dem Boden, sodass die Pflanzen bis spätestens September noch einen weiteren Blütenschub entwickeln, nicht mehr ganz so kräftig, aber immer noch schön und ausdauernd bis in den Oktober hinein. Aus dem Schwert ist dann ein Degen geworden, mit dem der Rittersporn den Preis um die schönste aufrechte Staude zum Beispiel gegen den Eisenhut oder die Königskerze ausfechten kann.

Rittersporn gibt vielen Bereichen eine vertikale Struktur. Und er macht wenig Arbeit, kommt mit Trockenheit gut zurecht, stellt keine hohen Ansprüche an den Boden. Und: Neben den hohen Sorten der Elatum- sowie Pacific-Hybriden werden im Fachhandel auch kleinwüchsige Sorten angeboten, die es auf rund 100 Zentimeter bringen. Auf diese Weise kann Delphinium mit kleiner werdenden Stauden wie Phlox oder Türken-Mohn hervorragend kombiniert werden.

32

… da kann man nur beeten …

In der Rhizombildung und Versamung sehen beetende Gärtner häufig eine pestilenzialische Laune der Natur; ein Machwerk des Satans, das die Unverschämtheit besitzt, sich allen Bemühungen des Strukturerhalts zu widersetzen. Attraktiv gestaltete, charmant bestückte Flächen, vom sonnigen Terrain fließend in den Halbschatten sich schmiegend und mit Stauden und Gehölzen versehen, deren Blütezeit gegenseitig ineinander übergeht, um sich zurecht den Titel einer Komposition zu verdienen, werden im Untergrund durchzogen und zerstört.

Allein mit Spateneinsatz und Grabegabel ist hier kein Staat zu machen. Ohne das tiefgründige Beackern kann man's auch getrost sein lassen, irgendetwas gegen diese Niedertracht unternehmen zu wollen; es ist die Mühe nicht wert, solange sie nicht über ein halbherziges Herumrupfen hinausreicht. Sprengen wäre noch eine Lösung, aber wer zum Teufel hantiert mit Nitro oder Dynamit im eigenen Garten?

Um Himmels Willen, es muss andere Möglichkeiten geben, die zum Ziel führen. Es steht aber zu befürchten, dass sie allesamt ohne das Einschreiten eines professionellen Gärtners nicht funktionieren. Blicke ich auf meine Bemühungen zurück, die Goldrute – so schön sie auch ist – in den Imperfekt zu verbannen, dann darf ich stolz sein, dies geschafft zu haben. Auslöser war ihr pubertäres Verhalten, selbst gegen die alteingesessenen Pfingstrosen aufzubegehren und inmitten ihres Wurzelstocks respektlos Raum einzufordern. Solange sie aus dem widerborstigen, aber berückenden Feld der Taglilien hervorplatzte, sah sie schön aus und war's mir einerlei, weil die Taglilien ja auch nicht gerade zurückhaltend sind. Dort, wo das extensive Verwildernlassen dazu führt, den Mantel des Verwunschenen überzustreifen, halten sich Moll und Dur die Waage, selbst wenn die Goldrute die erste Geige spielt. Aber nicht in den Pfingstrosen bitte, nicht aus dieser stolzen Blume sich herausschälend! So grub ich nach den Goldruten Wurzeln des Übels und schaffte das fast Unmögliche, sie auszurotten. Eine heroische Tat!

Denn wer die Wildform der Kanadischen Goldrute im Garten stehen hat, kann im Grunde auch gleich ausziehen und die Fläche brachliegen lassen. Kommt man nicht gegen an, keine Chance. Viele Arten verbreiten sich aufgrund der intensiven Selbstaussaat so stark, dass sie auch für den naturnahesten Bereich nur relativ geeignet sind. Gesegnet sei der Umstand, dass die Züchtung Hybriden hervorbringt, die genauso schön sind, aber weniger invasiv. So entstanden beeindruckende Sorten wie „Goldstrahl" oder „Goldenmosa". Ihre fedrig-gelben Blütenpuschel verleihen dem spätsommerlichen Staudenbeet eine gewisse Leichtigkeit, die die Firne der Zeit und das nahende Ende des Sommers verklären. Hübsche Sinnestäuschung.

Dennoch verfolgt die Goldrute auch als Hybride ausgesprochen hartnäckig ihr Ziel, sich zu behaupten. Weil sie wenig wählerisch ist, was ihren Standort angeht, bemüht sie sich, auch im schattigen Bereich standhaft zu werden. Und dann beginnt das Drama, denn eine goldgelb blühende Staude, die zumindest noch den Ur-Ansatz des Verwilderns in ihren Genen trägt, sollte gerade an solchen Stellen, an denen die Spätsommersonne nicht hinlangt, durchaus eine Daseinsberechtigung haben, was zur Folge hat, dass nach und nach die Goldrute nun doch wieder erheblich an Fläche gewinnt, bis alle Dämme reißen. Goldrutenschwemme.

Die Astern sind ein ebenso harter Gegner. Ihre Rhizombildung ist so unheimlich, dass man sich das vorwinterliche Abschneiden eine halbe Handbreit über dem Boden, wie man es bei Stauden für gewöhnlich zu tun pflegt, bevor der Frost zubeißt, sparen kann: Man rupft die betreffenden Arten spät blühender und bis 150 Zentimeter hoch werdender Raublatt-Astern besser mit Stumpf und Stiel heraus und weiß doch schon, dass ihre Population absolut nicht gefährdet ist. Nun aber kommt das Aber …

Denn jahrelang sann ich auf Rache gegenüber dieser Brut, die das Staudenbeet mit dem Orientalischen Mohn, dem Wasserdost und der September-Silberkerze in sich vollkommen verschoben hatte. Astern, überall Astern, schlussendlich sich hinziehend in den Gehölzbereich mit Schneeball und Rotdorn und Liebesperlenstrauch. Dort nehmen sie es dank ihres sehr raumgreifenden Sprossachsensystems, das sich nur wenige Zentimeter unter der Erdoberfläche zu einem dichten Geflecht habgierig entwickelt, sogar mit der in

Astern im Herbst – eigentlich eine wunderschöne Angelegenheit, aber ihre Rhizombildung ist gewaltig! Sie okkupieren damit große Flächen.

jedem Jahr immer wieder fiese Absenker bildenden Forsythie auf (die also auch hinterhältig agiert). Aber das sonore Konzert des Flügelschlagens der Bienen – die sich schon etwas träge, aber glücklich, die letzten schönen Stunden verleben zu dürfen, bevor der Winter kommt – noch im Oktober am Nektar der Astern laben, ist immens. Ich lasse sie also stehen. In diesem Jahr und auch im nächsten. Eine Biene, so besagt eine These, müsse fünf Millionen Blüten anfliegen, um ein Glas Honig füllen zu können. Die weiß-gelbe Astern-Gischt dürfte den fleißigen Insekten folglich wie das Paradies vorkommen. Und Paradiese pflege ich aus irdischer

Sicht erst einmal nicht in Frage zu stellen, selbst dann nicht, wenn sie an gärtnerischer Qualität vermissen lassen.

Was später ist, ach Gott, darüber kann man dann ja immer noch reden …

Optimisten würden sagen, dass beide – Goldrute wie Herbstaster – hervorragend geeignet sind für faule Gärtner. Jedoch wird erst andersherum ein Schuh daraus, denn wer diese Pflanzen nicht im Zaum hält, sondern ihnen ganz und gar das Feld übergibt, gärtnert nicht, sondern überlässt das Beet seinem Schicksal. Mit dem Franzosenkraut verfährt man doch auch nicht so nachlässig …

Es bleibt keine Wahl. Man muss in jedem Jahr die Augen auf- und die Hacke bereithalten, um sich den Ausuferungen zu erwehren. Man muss sie ja nicht ausrotten, aber ihnen Grenzen aufzeigen. Und Hände weg von der Solidaster. Die gibt es wirklich! Es handelt sich um eine Kreuzung aus der Kanadischen Goldrute und der Aster ptarmicoides. Meinertreu, das klingt nullkommanull vertrauenserweckend. Man muss in der Tat nicht alles ausprobieren.

Das Grundproblem ist die Verdrängung. Zu forsche Pflanzen lassen nebenstehende sich nicht entwickeln. Sonnenhut und Duftnessel, Nelkenwurz und Schafgarbe mögen gegen die fleißig Samen bildende Akelei ankommen, die mit ihrer Leichtigkeit über den anderen Blumen zu schweben scheint. Aber wenn die massige Berg-Flockenblume ihren Samen verschießt, dann beginnt ein Dilemma. Sie ist schon im Begriff, erste Blüten zu öffnen, wenn ihre Staudennachbarn noch müde gähnen, die bei ihrem Austrieb bereits vollständig vom grüngrauen, filzigen Laub der aufdringlichen Konkurrenz verschattet werden. Als Sonnenanbeter hat man's dann schwer. Die Berg-Flockenblume – auch so eine Schöne und trotzdem ein Biest.

Ich schaue mir das an und stelle fest, sie ist 'ne Pest. Früher habe ich mich nicht sattfreuen können an den sternförmigen Blüten der Berg-Flockenblume. Ein ansehnlicher Reigen in Blau und Violett. Aber man muss die Pflanze zwingend im Zaum halten, man muss sie rigoros herausrupfen, sonst macht sie anderen Blumen das Leben schwer. Sie ist hübsch, aber sie ist ein Verdränger. Genau wie die Lampionblume. Auch hier ein Drama: äußerst attraktive, orange-leuchtende Blütenfrüchte bis in den Oktober hinein. Einmal gesetzt, ist sie jedoch kaum mehr aufzuhalten. Es scheint ein Widerspruch zu sein, doch sind gerade solche Pflanzen, die sich ohne pflegende Hand ausbreiten wie ein Grippe-Virus in der Menschenmenge, eine gärtnerische Herausforderung. Man muss ihren Wert anerkennen, darf sie aber niemals Regie über das Beet führen lassen, jedenfalls dann nicht, wenn anstatt eines wilden Mischmaschs eine sinnliche Textur das Ziel ist. Maler ist der Gärtner; er allein legt fest, wie das Beetgemälde aussehen soll.

Eine Wahl hat man übrigens nicht. Verdränger unter sich, das ist die Erkenntnis, verdrängen sich ironischerweise nicht gegeneinander. Aber man kann ja auch nicht mit der Pest gegen die Cholera zu Felde ziehen. Gleichwohl liegt

Gewarnt sei vor der Goldrute: Sie verdrängt andere Pflanzen,
wenn sie nicht in Schach gehalten wird.

im Bestreben dieser Pflanzen nach kollektiver Ausbreitung eine reelle Chance fürs verwildernde, arbeitsarme Gärtnern. Gemessen daran, bei strukturierten Beeten von Kompositionen zu sprechen, wäre dies eine Art Punk, bei dem die Saat schießende Walzenwolfsmilch sich als Walzenwerwolfsmilch schnell ihren Platz erobern würde – nicht nur in Vollmondnächten.

33

... Beulen und Bäume – denn sie wissen nicht, wo sie parken ...

Es ist wunderlich, wie seltsam Menschen ticken und leider nicht wenige. Ernsthaft kreisen ihre Gedanken zum Beispiel um das Risiko, dass herabfallende Kastanien im Blech ihrer teuer gekauften Schleudern möglicherweise Dellen und Kratzer hervorrufen könnten. Die Angst parkt mit im Konjunktiv. Auf die Idee, das Fahrzeug nicht unter den schönen, dichten Kronen dieser Bäume abzustellen, kommen sie nicht. Mag man ihnen kaum vorwerfen, denn wer nicht in der Lage ist, eine Kastanie von einem Birnbaum zu unterschieden, ist logischerweise klar im Nachteil.

Dafür aber haben sie die Gewissheit, ein Auto zu fahren, das 300 Pferdestärken hat, aber leider nicht stark genug ist, den verbrecherischen Früchten, die man nicht einmal verklagen kann, standzuhalten. Welch eine Enttäuschung.

Es kümmert mich wenig, dass die Dummheit offenkundig nicht weniger wird. Wenn Autos wichtiger sind, als die Wunder der Natur, sagt das viel über eine Gesellschaft aus. Menschen, die es sich leisten, jährlich Hunderte Euro für mobiles Blabla auszugeben und andererseits respektlos über läppische neunzehnneunundneunzig richten, die ein schon recht ansehnlicher Apfelbaum beim Gärtner kostet, vergessen schnell, dass ihr mobiles Smartphone kaum drei Jahre hält, der Baum aber ein Jahrhundert.

Der Baum wird sie an heißen Sommertagen mit Schatten versorgen, mit guter Luft und schönen Stunden. Er wird Früchte tragen und er zerstört die Umwelt nicht. Das mobile Kommunikationsgerät, egal welchen Ursprungs und Herstellers, zerstört sogar noch mehr: die Menschenrechte. Doch wer hält sich wirklich vor Augen, dass im tiefsten Afrika Menschen in Verantwortung westlicher Industrien unter schlimmsten Bedingungen bis tief in die Stollen geschickt werden, um dort für einen Hungerlohn die seltenen Metalle zu fördern, die für Mobiltelefone, Pods und Pads notwendig sind, wenn er gerade in einem Straßencafé sitzend mit irgendwem fröhlich über ein gefühltes Nichts an Thema plaudert und hinüberschaut zu seinem blitzblank sauberen SUV, auf das gerade eine Kastanie fällt?

Ich will keine moralinsaure Predigt halten. Wer diese Zeilen so versteht, hat sie ohnehin nicht kapiert, und darin liegt ja der ganze Schlamassel: Kritik ändert wenig, weil zu einem Gutteil nur die Menschen sie verstehen, an die sie nicht gerichtet ist. Dazu zählen in aller Regel nicht die Kastanienparker und Apfelbaumschänder. Doch dem alten, guten Luther nachzueifern, wähne ich solch liederliche Zeiten für die besten, noch einen Baum zu pflanzen, auch wenn morgen die Welt unterginge. Nicht unbedingt eine Kastanie, denn dafür ist der Garten zu klein. Sie wird gut und gerne 25 Meter hoch. Die Größe eines Hausbaumes sollte sich dem zur Verfügung stehenden Grundstück anpassen. Platanen,

Eichen, Sommerlinden sind nur geeignet, wenn der eigene Garten ein Park ist, aber wer hat den schon?

Leider scheidet auch ein Walnussbaum aus, solange das zu beackernde Grundstück nicht wenigstens 600 Quadratmeter Fläche hat, denn die Walnuss, aufgrund ihres schönen Kronenbereichs und der Tatsache, dass sie Ungeziefer fernhält, perfekt für einen Garten geeignet, wird gut und gerne bis 30 Meter hoch. Es gibt aber genug Alternativen. Zum Beispiel den Goldregen, der mit einer maximalen Höhe von sieben Metern und seinem relativ schlanken Wuchs sich auch gut für schmale Grundstücke eignet. Seine Blüte ist zwar giftig, doch wenn Tisch und Stühle unter seinem Blätterdach aufgestellt werden, ist sein früher Flor schon fast vergangen. Auch hübsch ist die Tulpen-Magnolie, die mit ihrer maximalen Höhe von sechs Metern und ihrem breiten Wuchs mehr strauch- als baumförmig ist. Wo wenig Platz ist, sieht auch ein Kugel-Ahorn hübsch aus, der mit einem beherzten Schnitt perfekt im Zaum gehalten werden kann.

Die beständigste und wichtigste Größe aller Hausbäume sind natürlich die Obstbäume. Der Apfel spielt dabei die größte Rolle. Sein Vorteil: Er wird mit bis zu acht Metern nicht zu hoch und hat eine schöne, breite Krone, die in jedem Frühling ohnehin geschnitten werden sollte. So passt sich ein Apfel- prima als Hausbaum in das Gesamtbild eines Gartens ein. Auch ein Birnenbaum könnte diese Rolle übernehmen, jedoch ist dann auf Zierwacholder in der näheren Umgebung zu verzichten, von dem aus sich die schäbigen Sporen des Pilzes Gymnosporangium fuscum verbreiten.

Der Rostpilz entwickelt sich an den Trieben des Zierwacholders, überwintert dort, und wenn im Frühling die Sporenlager aufbrechen, werden des Pilzes birnliebende Kinderl mit dem Winde verweht. Sie landen überall. Auf Apfelbäumen, Schattenmorellen (Kirschen) und Johannisbeersträuchern richten sie keinen Schaden an, hingegen die Birnen bereits von ihrem Fluch belegt sind, so sie kaum zu blühen sich aufgetan haben. Es gibt im Grunde nur ein einziges adäquates Mittel gegen diese Misere, und bei allem, was naturnah gärtnernden Menschen heilig ist, es ist nicht die Alternative, keinen Birnbaum mehr zu pflanzen, sondern es ist das chemische Zutun, ohne dies Herrn von Ribbecks Liebling nicht überleben würde.

Auf jeden Fall wird das Pilzmittel im zeitigen Frühling gesprüht, höchstens viermal im Abstand von acht bis zehn Tagen, auch während der Blütezeit. Man läuft nicht Gefahr, die Früchte benebeln zu müssen. Der Erfolg liegt im Einhalten des Zeitfensters, das die Witterung vorgibt: also teils ab Mitte bis Ende März, jedenfalls beim ersten bescheidensten Austrieb. Das ist wichtig, und eine Grippe bekämpft man ja auch nicht erst, wenn man schon darniederliegt. Schnell muss man sein, auf der Hut, der Pilz gibt den Gärtnern die Sporen.

Nicht weniger als ein Geheimtipp für Feinschmecker ist die Nashi-Birne. Pyrus pyrifolia hat sich im Kreise der Hausbäume einen Exotenplatz gesichert. Ob die Nashi-Birne – eine Frucht japanischer Herkunft, gekreuzt aus Apfel und Birne – ebenfalls wacholderische Allergien aufweist, ist nicht eindeutig belegt. Grundsätzlich besteht die Gefahr, denn sie heißt nicht Nashi-Apfel, sondern Nashi-Birne; sie ist ein Spross aus der Pflanzengattung der Birne! Die Sorte 'Kil Tsu Pear' habe ich mit Pilzmittel besprüht, nicht wissend, ob es wirken muss, aber wohlwissend, dass es keinen Schaden anrichtet. Sie ist nicht erkrankt am Birnengitterrost. Und sie trägt Früchte, saftig und süß. Ein überhaupt nicht teuer erkaufter Erfolg, trotzdem ein Pyrus-Sieg.

Der Hausbaum ist also nicht allein eine grundsätzliche Frage des zur Verfügung stehenden Platzes, sondern eben auch eine Geschmackssache. In jedem Fall gibt er, ob hübsch belaubt oder als Obstspender, dem Grundstück Struktur. Und wenn man im Frühling wieder unter dem lebhaften Blätterkleid seiner Krone Platz nimmt, auf einem Stuhl, mit einem Tisch und einem Glas Wein, dann ist es sogar möglich, dass der eine oder andere kastanienwetternde Beulensucher erkennt, was wirklich wichtig ist. Es wäre ja wünschenswert, dass nicht nur ein Baum, sondern ausnahmsweise auch mal Kritik Früchte trägt.

… als Meister des kleinen Glücks den Gartenbewohnern große Freuden schenken, ist mehr als nur eine schöne Sache; es ist gar sinnvoll …

Der Herbst hat mit peitschendem Regen und windgebläh-tem Egoismus ein erstes Ausrufungszeichen gesetzt. Kein Grau ist schlimmer als das erste nach der goldenen Okto-berzeit und einem Sommer, der in Teilen keiner war. Wenn dann noch der Sturm die letzte Blütenrispe des Rittersporns abknickt, ist es logisch, dass der Himmel weint (und nicht nur der). Die Astern liegen im Sterben (keine Panik, sind nur scheintot), die Schönheit der Blumen blutet rasch aus. Ein Schleier der Tristesse legt sich über unsere Seelen, und wenn ich „unsere" schreibe, dann meine ich damit auch die der tierischen Gartenbewohner, auf die jetzt peu à peu eine viel bemitleidenswertere Periode zukommt, als auf Homo sapiens, der bloß am Heizkörperventil drehen muss, das Feuer im Ofen knistern lässt und mit einem schweren, fruchtigen Rotwein selbst den übelsten nasskalten Tag sich schöntrinken kann, während er genüsslich an seiner Wohl-standswampe rubbelt. Aber was tun Igel, Eichhörnchen, Schmetterlinge, Marienkäfer, Singvögel, Hummeln?

Was Nacktschnecken tun, ist mir gleichgültig. Ich kann auch grausam sein. Mehr liegen mir zum Beispiel die Piep-mätze am Herzen. Das Meislein im Astwerk des alten Ap-felbaumes wird sicher schon zurechtkommen, die Spatzen auch, die Amseln sowieso. Es liegt in der Natur der Sache, dass sie noch viel finden, sowohl Schutz im Dickicht von Tannen und anderen Immergrünen, als auch Nahrung, von den Körnern verblühter Flors bis zu den Marienkäfern. Die wiederum versuchen die kalte Jahreszeit unter Laub und Moos zu überstehen, und wenn ihnen kein gieriger Schnabel in die Quere kommt, werden sie das dort auch schaffen, was schön wäre. Wer soll denn im kommenden Frühling die erste Population der Blattläuse melken? Ich nicht.

Ich habe trotz allem zusätzlich ein von der Tischlerwerkstatt der Paritätischen Lebenshilfe Schaumburg-Weserbergland gezimmertes Marienkäferhäuschen im Garten postiert; sicher ist sicher. Genauso dachte ich mir das bei der Schmetterlingsvilla. Zwar ließ ich Brennnesseln stehen, weil sie die Nährpflanzen vieler Tagfalterraupen sind, aber eine Alternative kann ja nicht schaden. Meister des kleinen Glücks zu sein für die nützlichen Gartenbewohner, die uns so große Freuden schenken, ist mehr als nur eine schöne Sache; es ist gar sinnvoll.

Deshalb auch das Igelhaus. Villa, würde ich fast behaupten. Sie steht seit vielen Jahren unter den Tannen. Die Stachelgemeinde sucht im Herbst wieder, die Fettreserven angefuttert und müde vom Sommer, nach einem Platz für ihren Winterschlaf. Der muss gut und sicher und warm sein; zwei Herzschläge pro Minute sind nicht viel, um an saukalten Tagen überleben zu können. Die Villa soll den Igeln die Zeit versüßen, natürlich gleich möbliert mit Blättern und Heu oder was sonst so außer Grog und Glühwein warmhalten kann. Danach gilt, ihn in Ruhe zu lassen, den schnuckeligen Saisonbewohner. Nicht hineinschauen ins Haus, wirklich niemals! Ist kein Igel eingezogen, gibt's dort sowieso nichts zu beobachten. Wenn doch, wäre das Risiko zu groß, dass er aus seinem Schlaf geweckt wird. Das könnte ihn umbringen. Aber wer frisst dann die Schnecken im nächsten Sommer? Ich nicht.

Neugier hat schon ganz anderen Lebewesen das Leben gekostet. Wenigstens die Eichhörnchen können den betrachtenden Stalker in dieser Hinsicht einen Gefallen tun, denn die halten keinen Winterschlaf, sondern sausen durch die Gegend, dass es eine Freude ist. Eine Wal-und Haselnussstation kommt mir dann auch kein bisschen übertrieben vor, denn zwar haben sich die flinken Fieselschweife, die recht zutraulich werden können, mit allerlei Walnüssen bereits zur besten Erntezeit versorgt, nur sind sie ein bisschen sehr daddelig und vergessen, wo sie das gute Zeugs versteckt haben. Daher kommen sie häufig bis auf die Terrassen, um sich dort etwas zu stibitzen, verlassen dafür selbst bei Schneetreiben ihren gemütlichen Kobel oben im Baum. Wenn an einem weißen Wintertag die Spuren der Hörnchen zu sehen sind, die zum Tischlein-deck-dich auf der Terrasse führen, wo ich extra Tannenzapfen und Walnüsse habe liegen lassen in der Hoffnung, die Bande würde sie finden, dann hat sich der herbstlich-begründete graue Star ziemlich schnell verflüchtigt. Traurig? Ich nicht.

Und noch in den letzten Wintertagen macht sich womöglich die erste Königin auf, die Welt von neuem zu erobern.

Dafür reichen bisweilen ein paar vorübergehende frühlingshafte Temperaturen. Nach der kalten Zeit liegt der Garten noch in seligem Schlummer, wacht erst langsam auf, mit Winterling und Schneeglöckchen. Aber ein sonores Brummen unterbricht die verheißungsvolle Stille, die noch wie in Eis gepackt zu sein scheint. Eine Hummel auf der Suche nach stärkendem Nektar.

Es ist ein wundersames Schauspiel der Schöpfung, das sich aufmerksamen Beobachtern zeigt, denn während wir Menschen noch in dicker Jacke und mit Wollmütze eingemummelt einigermaßen irrig durch den Garten huschen, sind die Königinnen der Hummeln schon unterwegs, um nach einer Bleibe für den Sommer zu suchen, wo sie ihren neuen Staat begründen werden. Manche bauen ihr Nest in Erdlöchern, andere suchen in hohlen Baumstümpfen, Vogelkästen oder Gartenhütten ihr häusliches Glück, je nach Art. Manche Bombus-Königin ist sogar derart vom gönnerhaften Schicksal verfolgt, dass sie in eine Burg einziehen darf. Sie wohnt dort. Ich nicht.

Ich habe eine Hummelburg platziert, bodennah im Schutze des Kirschlorbeers, mit Polsterwolle und Holzspänen ausgestattet. Als Lockmittel steht ein Schälchen Zuckerlösung darin, und der Eingang zur Ostseite ist, wie es mir mein Freund Jörg Vahlbruch, Gärtner und Hummelzüchter aus Hameln, geraten hat, mit Moos ausgekleidet, um den Brummern ihr künstliches Zuhause authentischer vorkommen zu lassen, was auch notwendig ist, weil meine Burg unrühmlicherweise die Form eines Atommeilers hat, was nicht gerade en vogue ist. Doch alles nutzte nichts. Bis heute ist keine Hummel eingezogen. Dafür schwirrt die werte Frau Bombus nach jeder Traubenhyazinthen-Blau-kissen-Narzissen-Primeln-Tour Richtung Steingarten und verschwindet in einem Erdloch am Hang. Wenn's ihr dort besser gefällt, bitte sehr. Ich bin ja schon froh, dass sich überhaupt eine Königin hat blicken lassen.

Den Blick auf die wesentlichen Dinge der Natur zu schär-fen, das ist wichtig. Hummeln gehören zu diesen wesentli-chen Dingen. Sie sind viel früher als Bienen unterwegs, oft schon bei drei, vier Grad Celsius, fliegen auch bei leichtem Nieselregen. Damit gehören sie zu den wichtigsten Bestäu-bern überhaupt. Dick und rund, keine Wespentaille und bienenemsig tragen die stattlichen Königinnen dazu bei, aus Gartenträumen Traumgärten werden lassen. Und Traumgärten zeichnen sich nicht allein durch Blütenfülle, sondern durch Artenvielfalt aus: Gönnen wir den tierischen Besuchern also ihren Platz im Garten und helfen ihnen dabei – zu jeder Jahreszeit.

35

… zwischen den Zeilen ist eine Menge Platz …

In den blauen Stunden steigen die schönsten Momente aus dem Blütenreigen empor. Die Sonne neigt sich hinter den Tannenspitzen langsam zur Ruhe und die Engel backen in einem elysischen Himmel Kekse. Hausfassaden, noch bis eben von Helios heiß umgarnt, strahlen die Wärme des Tages bis nach Mitternacht ab, von denen die Tomaten kosten, die in Töpfen davorstehen. Als die letzte Hummel des Tages, tief von Pollen benetzt, sich abermals wollüstig in eine gefüllte Blüte des Gartenmohns der Sorte 'Flamish Antique' stürzt, ist das Kunstwerk eines friedvollen Juliabends perfekt. Es ist Sommer.

Und es war Sommer. Und es wird immer Sommer sein in den Herzen, die sich an solche seligen Momente mit Freude erinnern. Ein Garten ist dazu in der Lage, uns diese Vollkommenheit zu bieten. Ein Stück heile Welt, in der sich das Eichhörnchen zu später Stunde ein Nüsslein stibitzt, das es im vergangenen Winter unter den Fichten vergraben hatte. Ein Fleckchen Erde, auf dem der Purpursonnenhut zur rechten Flanke des Rittersporns nach Höherem strebt. Ein Ort, dessen Luftschlösser aus Blütenbällen der Dahlien gebaut werden, die zwischen Himmel und Erde zu schweben scheinen. Die mit dem September einhergehende Herbstmelancholie soll diese wonniglichen Sommerstunden nicht drangsalieren, denn gerade die Erinnerung an die schönen, bunten Blumenstunden wird an windumtosten, grauen Tagen, die da ohne Zweifel kommen werden, zum Fundament für den nächsten Frühling.

Die Erinnerung hält wach. Sie ist die Aktrice blütenglückhoffender Lüsternheit. Sie ist in der Lage, das Gute vom Schlechten zu trennen. Der Lavendel, der auf zu fettem Boden im Halbschatten zugrunde gegangen ist. Die Spinnenpflanze, die sich der Übermacht des ausbreitenden Ysops geschlagen geben musste. Die Brautspiere, die völlig verschattet von Deutzie und Pfaffenhütchen nicht recht wachsen will. – Die Bilder der darbenden Pflanzen brennen sich ein und verhindern, dass man denselben Fehler zweimal macht. In positivem Sinne dieselbe Wirkung: Die mit Zinnien überschwappende Zinkwanne und der aus einem halben Dutzend Gefäßen hervorquellende Berg-Tabak, dessen weiße Röhrenblüten den Abend in einen verführerischen Duft hüllen, sind für das kommende Jahr schon fest eingeplant.

Der Erinnerung größter Feind ist das Vergessen. Kommt vor. Ein persönliches Gartenbuch mit Notizen und Zeichnungen, Monat für Monat aufgedröselt, schafft Sicherheit und macht Spaß. Über viele Jahre hinfort ergeben sich Möglichkeiten, Vergleiche zu ziehen und vom Glück vergangenen Gärtnerns zu kosten wie von einem trinkreifen Wein. Waren die Stockrosen in der Rabatte vorne am Eingang von hohem Rang oder kann man auf sie verzichten? Stand eigentlich jemals die großblütige Kaktusdahlie im Kübel auf dem Podest oder immer im Freiland? Und dann

Ein guter Plan: Denn das nächste Gartenjahr kommt gewiss.

war da doch der rote Türken-Mohn, der an einem warmen Novembertag noch einen großen Kelch hervorbrachte – in welchem Jahr war das doch gleich?

Das eigene Gartenbuch muss nicht zwangsläufig von großen Worten gekennzeichnet sein. Alles, was zählt, ist der praktische Nutzen. Die Poesie stellt sich von ganz alleine ein. Zwischen den Zeilen, in der Erinnerung.

Anhang / Register

In diesem Beetgeflüster-Buch ist von folgenden Pflanzen die Rede:

A
Akelei (Aquilegia)
Andenpolster (Azorella trifurcata)
Apfelbaum (Malus)
Aronstab (Arum)
Aster (Aster)
Azalee (Azalea)

B
Balsambirne, Bittermelone
(Momordica charantia)
Basilikum (Ocimum basilicum)
Berg-Flockenblume
(Centaurea montana)
Berg-Tabak (Nicotiana sylvestris)
Birnbaum (Pyrus)
Blauregen (Wisteria sinensis
& Wisteria floribunda)
Blaustern (Scilla)
Blauzungen-Lauch
(Allium karataviense)
Blut-Johannisbeere
(Ribes sanguineum)
Borretsch (Borago officinalis)
Brautspiere (Spiraea arguta)
Brennnessel (Urtica)
Buchsbaum (Buxus sempervirens)
Bunte Margerite
(Tanacetum coccineum)

C
Chili (Capsicum)
Currykraut
(Helichrysum italicum)

D
Dahlien (Dahlia)
Deutzie (Deutzia)

Dickblatt (Aeonium)
Dost (Origanum vulgare)
Duftnessel
(Agastache foeniculum)

E
Echeverie (Echeveria)
Efeu (Hedera helix)
Ehrenpreis (Veronica)
Eibe (Taxus)
Eiche (Quercus)
Eierfrucht (Solanum)
Eisenhut (Digitalis)
Engelstrompete (Brugmansia)
Engelwurz
(Angelica archangelica)
Erdbeeren (Fragaria)
Eselsdistel
(Onopordum acanthium)

F
Fackellilie (Kniphofia)
Farn
Fasanenspiere
(Physocarpus opulifolius)
Feigenbaum (Ficus carica)
Feinstrahl (Erigeron annuus)
Fenchel (Foeniculum vulgare)
Fetthenne (Sedum)
Fingerhut (Digitalis)
Flammenblume
(Phlox paniculata)
Forsythie (Forsythia)
Franzosenkraut
(Galinsoga parviflora)
Frauenschuh
(Cypripedium calceolus)
Fuchsie (Fuchsia)

Fuchsschwanz (Amarant)
Funkie (Hosta)

G
Gänseblümchen (Bellis perennis)
Geißblatt (Lonicera)
Geldbaum (Crassula ovata)
Geranie (Pelargonium)
Gewöhnlicher Leberbalsam
(Ageratum)
Giersch
(Aegopodium podagraria)
Glockenblume (Campanula)
Gold-Johannisbeere
(Ribes aureum)
Goldmohn
(Eschscholzia californica)
Goldregen
(Laburnum anagyroides)
Goldrute (Solidago virgaurea)
Goldrutenaster (Solidaster luteus)
Graptopetalum bellum

H
Hasenglöckchen (Hyacinthoides)
Hauswurz (Sempervivum)
Haworthie (Haworthia)
Heiligenkraut (Santolina)
Herbstzeitlose
(Colchicum autumnale)
Hirschzunge (Gasteria verrucosa)
Hopfen (Humulus lupulus)
Hortensie (Hortensia)
Hufeisen-Farn
(Adiantum pedatum)

I
Igelpolster
(Acantholimon glumaceum)
Indianernessel (Monarda)

J
Johannisbeere (Ribes)

Johanniskraut
(Hypericum perforatum)

K
Kalanchoe (Kalachoe)
Kamelie (Camellia japonica)
Kastanie (Castanea)
Katzenminze (Nepeta cataria)
Katzenpfötchen
(Antennaria dioica)
Kaukasus-Vergissmeinnicht
(Brunnera macrophylla)
Kirschenbaum (Prunus)
Kirschlorbeer (Laurus nobilis)
Klatschmohn (Papaver rhoeas)
Knoblauchsrauke
(Alliaria petiolata)
Kokardenblume (Gaillardia)
Kosmee (Cosmos)
Kronen-Lichtnelke
(Lychnis coronaria)
Kuchenbaum, Katsurabaum
(Cercidiphyllum magnificum)
Kugel-Ahorn
(Acer platanoides)
Kugeldistel (Echinops)
Kuhschelle (Pulsatilla vulgaris)

L
Lampenputzergras
(Pennisetum alopecuroides)
Lampionblume
(Physalis alkekengi)
Lavendel
(Lavandula angustifolia)
Lebender Stein (Lithops)
Lebensbaum (Thuja)
Liebesperlenstrauch (Callicarpa)
Linde (Tilia)
Löwenmäulchen (Antirrhinum)
Löwenzahn (Taraxacum)
Lupine (Lupinus)

M
Männertreu (Lobelia)
Mammutblatt (Gunnera manicata)
Mangold (Beta vulgaris)
Mariendistel (Silybum marianum)
Mexikanische Hutpflanze
(Ratibida columnifera pulcherrima)
Minze (Mentha x piperita)
Moossteinbrech (Saxifraga)
Muschelblume (Pistia stratiotes)

N
Nelke (Dianthus)
Nelkenwurz (Geum urbanum)

O
Oleander (Nerium oleander)
Osterglocke
(Narcissus pseudonarcissus)
Orientalischer Mohn
(Papaver orientale)

P
Petunie (Petunia x hybrida)
Pfaffenhütchen
(Euonymus europaeus)
Pfingstrose (Paeonia)
Platane (Platanus)
Plüschbäumchen
(Echeveria pulvinata)
Prachtscharte (Liatris spicata)
Purpur-Sonnenhut
(Echinacea purpurea)

R
Rhododendron (Rhododendron)
Riesen-Flockenblume
(Centaurea macrocephala)
Ringelblume (Calendula)
Rittersporn (Delphinium)
Rose (Rosa)
Rosmarin (Rosmarinus officinalis)
Rotdorn (Crataegus laevigata)

Rote Spornblume
(Centranthus ruber)

S
Salbei (Salvia officinalis)
Schafgarbe (Achillea filipendula)
Schlafmohn
(Papaver somniferum)
Schmucklilie
(Agapanthus praecox)
Schneeball (Viburnum)
Schneeglöckchen (Galanthus)
Schöllkrautblättriger Scheinmohn
(Stylophorum lasiocarpum)
Schönranke
(Eccremocarpus scaber)
Schwertlilie (Iris)
September-Silberkerze
(Cimicifuga ramosa)
Sichel-Dickblatt (Crassula falcata)
Silberblatt (Lunaria annua)
Silberteppich
(Cerastium tomentosum)
Seeigelkaktus
(Astrophytum asterias)
Skabiose (Scabiosa)
Sommerflieder (Buddleja davidii)
Sonnenbraut
(Helenium mexicanum)
Sonnenhut (Rudbeckia)
Sonnenröschen (Helianthemum)
Spinnenblume (Cleome)
Spinnweb-Hauswurz
(Sempervivum arachnoideum)
Stachelbeere (Ribes uva-crispa)
Stachelmohn (Argemone)
Stechapfel (Datura metel)
Sterndolde (Astrantia)
Stiefmütterchen
(Viola wittrockiana)
Stockrose (Alcea rosea)
Strauch-Veronika (Hebe)
Studentenblume (Tagetes)

Stundenblume (Hibiscus trionum)

T
Taglilie (Hemerocallis)
Tanne (Abies)
Thymian (Thymus vulgaris)
Tiger-Aloe (Aloe variegata)
Tithonie (Tithonia rotundifolia)
Tomate (Solanum lycopersicum)
Traubenhyazinthe (Muscari)
Tulpenbaum
(Liriodendron tulipifera)
Tulpenmagnolie
(Magnolia x soulangeana)

V
Vexiernelke (Lychnis coronaria)

W
Waldrebe (Clematis)
Walnuss (Juglans regia)
Walzen-Wolfsmilch
(Euphorbia myrsinites)

Purpuer-Wasserdost
(Eupatorium maculatum)
Wasserpfeffer
(Persicaria hydropiper)
Weiderich (Lysimachia)
Wiesenschaumkraut
(Cardamine pratensis)
Winterling (Eranthis hyemalis)

Y
Ysop (Hyssopus officinalis)

Z
Zier-Artischocke
(Cynara scolymus)
Zierlauch (Allium)
Zinnie (Zinnia)
Zitronenbaum (Citrus limon)
Zitronenthymian
(Thymus citriodorus)

Fenster zur Welt:
Dort draußen warten unendlich viele Abenteuer.